21世纪电气信息学科立体化系列教材

信号与系统实验教程

金波 编

华中科技大学出版社
http://www.hustp.com

内容提要

本书是信号与系统课程的计算机仿真实验教材,是与信号与系统课程配套的教材和参考用书。

本书的内容与现行的信号与系统教材的内容大体相当。全书共分为6章:第1章介绍Matlab应用基础;第2章介绍连续信号和系统的时域分析;第3章介绍连续信号和系统的频域分析;第4章介绍连续信号和系统的复频域分析;第5章介绍离散信号和系统的分析;第6章介绍系统的状态变量分析。共包含17个实验。书中的附录部分提供了全部实验的参考程序。

本书的特点是理论与实验紧密结合,着重解决信号与系统中计算的难点问题。有较多的计算示例和编程练习,能提高学生的综合应用知识和解决实际问题的能力。

本书可作为本科生信号与系统的实验教材,也可供相关人员学习参考。

前　言

我国高等教育正进行着跨越式发展,高等教育正从精英教育向大众化教育进行重大转移。社会对高校应用型人才的要求给我国当前的高等教育提出了前所未有的挑战。社会要求高校培养的大学生既有扎实的理论基础,又有受过严格工程技术训练的功底。因此,加强教学过程中的实践环节,提高学生的分析和解决问题的能力特别重要;否则,就不能适应我国高等工程教育发展的需要。

结合我校具体情况和教育部有关文件精神,我校正在建设国家级的电工电子实验教学示范中心。为此,我们对电工电子基础课程和实验教学体系进行了改革与实践,理顺了课程体系,更新了课程内容,融合了现代教学方法,取得了良好的效果。长期以来,实验都是作为理论课的辅助教学手段而设置的,其目的是验证理论,帮助学生加深对概念的理解。受传统观念的影响,重理论、轻实验的现象在不同的方面都有表现。本书就是在我们几年来对信号与系统实验教学改革的基础上编写的。

信号与系统课程的特点是概念抽象,数学公式繁杂,各种变换不易理解,计算较为复杂。计算机技术的发展,特别是科学计算软件 Matlab 的出现,使信号与系统分析的问题变得十分容易。利用软件实现信号与系统的仿真及实验已成为主流,将那些繁杂的人工计算交给计算机处理,已是信号与系统课程教学改革的重要内容。

全书共分为 6 章。第 1 章介绍 Matlab 应用基础,叙述 Matlab 基本知识及应用。第 2 章介绍连续信号和系统的时域分析,包括 4 个实验。第 3 章介绍连续信号和系统的频域分析,包括 3 个实验。第 4 章介绍连续信号和系统的复频域分析,包括 3 个实验。第 5 章介绍离散信号和系统的分析,包括 4 个实验。第 6 章介绍系统的状态变量分析,包括 3 个实验。共 17 个实验。在附录中给出全部实验的参考程序。

在编写本书的过程中,力争使本书具有以下特色。

(1) 理论与实验的结合。注意理论在实验中的指导作用,强调对实验结果能够做出理论分析和正确解释。因此,每个实验都有一定的知识点,都要求对实验原理进行预习,并列出相应的预习要点。

(2) 实验课程是理论课的延伸和扩展。除了对信号与系统中的理论进行验证外,实验的内容要在理论课上解决是较困难的,但用 Matlab 可以很好地解决。将学生从繁杂的数学推导中解脱出来,使之把注意力集中在分析问题的方法上。如任意周期信号输入的系统响应、离散系统的迭代法求解、系统稳定性的判断、系统数学模型的转换、状态方程的求解等。

（3）实验内容体现了综合性。在设计实验内容时，强调对某一类知识综合应用，所以做一个实验项目一般需要4学时左右。这样虽然减少了实验项目，但每个实验项目内容增多，有利于知识的综合应用。

（4）计算示例多，实验有参考程序。每个实验项目都给出了多个用Matlab计算编程的示例，这些示例都有一定的难度。同时，实验内容含有一定的工作量和难度。为防止因实验程序编写错误而失去信心，本书为每个实验都提供了参考程序。

（5）本书中编写了若干通用函数，这是与同类教材不同的地方。这些函数可构成自己的"工具箱"，读者可自己对它不断完善，来丰富自己的工具箱，提高解决问题的能力。这充分体现了Matlab分析和解决问题的优越性。

为了便于实验教学，可灵活使用本书的有关内容。教师可根据本校的情况选取本书中的实验作为必做或选做项目。每个实验项目中的内容也可以根据本校学生的程度、实验时间等选取。对某些实验内容，由于课时的限制，可由学生在课外自己阅读和实践，教师在课外做适当指导。

本书是在长江大学电信学院多年的信号与系统实验教学经验的基础上编写而成的，力图反映近年来信号与系统实验教学改革及实验室建设的成果。本书是华中科技大学出版社出版的《信号与系统基础》的配套实验教材。

由于作者水平有限，书中难免有错误与不妥之处，恳请读者批评指正。提出的宝贵意见，请由华中科技大学出版社转交或发至电子信箱：

jinbo@yangtzeu.edu.cn

作　者
2008年5月

目 录

1 Matlab 应用基础
1.1 Matlab 简介 ………………………………………………………… (1)
1.2 Matlab 的应用开发环境 …………………………………………… (3)
1.3 数值计算功能 ……………………………………………………… (4)
1.4 基本绘图方法 ……………………………………………………… (15)
1.5 字符串操作 ………………………………………………………… (24)
1.6 符号计算功能 ……………………………………………………… (30)
1.7 流程控制 …………………………………………………………… (42)

2 连续信号和系统的时域分析
2.1 实验 1 连续信号的绘制 ………………………………………… (47)
2.2 实验 2 连续信号的运算 ………………………………………… (55)
2.3 实验 3 连续信号的微积分和卷积 ……………………………… (62)
2.4 实验 4 连续系统的时域分析 …………………………………… (71)

3 连续信号和系统的频域分析
3.1 实验 5 周期信号的频谱 ………………………………………… (77)
3.2 实验 6 非周期信号的频谱 ……………………………………… (84)
3.3 实验 7 连续系统的频域分析 …………………………………… (91)

4 连续信号和系统的复频域分析
4.1 实验 8 用拉普拉斯变换分析系统 ……………………………… (99)
4.2 实验 9 连续系统的零极点分析 ………………………………… (105)
4.3 实验 10 模拟滤波器的设计 ……………………………………… (113)

5 离散信号和系统的分析
5.1 实验 11 离散信号的产生及运算 ………………………………… (121)

5.2 实验12 迭代法及离散卷积的计算 ………………………………… (128)
5.3 实验13 差分方程的 Z 变换解 ………………………………………… (134)
5.4 实验14 离散系统的时域和频域分析 ………………………………… (141)

6 系统的状态变量分析

6.1 实验15 连续系统状态方程的数值解 ………………………………… (149)
6.2 实验16 连续和离散系统状态方程的变换域解 ……………………… (155)
6.3 实验17 连续和离散系统状态方程的迭代法 ………………………… (160)

附录A 实验参考程序

A.1 实验1的参考程序 …………………………………………………… (165)
A.2 实验2的参考程序 …………………………………………………… (168)
A.3 实验3的参考程序 …………………………………………………… (170)
A.4 实验4的参考程序 …………………………………………………… (173)
A.5 实验5的参考程序 …………………………………………………… (176)
A.6 实验6的参考程序 …………………………………………………… (179)
A.7 实验7的参考程序 …………………………………………………… (186)
A.8 实验8的参考程序 …………………………………………………… (189)
A.9 实验9的参考程序 …………………………………………………… (192)
A.10 实验10的参考程序 ………………………………………………… (194)
A.11 实验11的参考程序 ………………………………………………… (197)
A.12 实验12的参考程序 ………………………………………………… (200)
A.13 实验13的参考程序 ………………………………………………… (203)
A.14 实验14的参考程序 ………………………………………………… (205)
A.15 实验15的参考程序 ………………………………………………… (208)
A.16 实验16的参考程序 ………………………………………………… (210)
A.17 实验17的参考程序 ………………………………………………… (212)

附录B Matlab命令大全

B.1 Matlab通用命令 ……………………………………………………… (215)
B.2 Matlab在信号与系统中的常用函数 ………………………………… (219)
B.3 符号数学运算的基本函数 …………………………………………… (220)

参考文献

1 Matlab 应用基础

本章主要介绍科学计算软件 Matlab 的基本知识,包括 Matlab 概述、Matlab 的基本运算和函数、基本绘图方法、字符串操作和程序设计的基本方法。

1.1 Matlab 简介

Matlab 是美国 MathWorks 公司开发的新一代科学计算软件,是英文 MATrix LABoratory(矩阵实验室)的缩写。Matlab 是专门为科学计算而设计的可视化计算器。利用这个计算器的简单命令,能快速完成其他高级语言只能通过复杂编程才能实现的数值计算和图形显示。Matlab 的基本数据单位是矩阵,它的指令表达式与数学和工程中常用的形式十分相似,故用 Matlab 来求解问题要比用 C、FORTRAN 等语言处理相同的问题简捷得多。

Matlab 是解决工程技术问题的计算平台。利用它能够轻松完成复杂的数值计算、数据分析、符号计算和数据可视化等任务。其中,符号计算能够得到符号表达式的符号解和任意精度的数值解。另外,利用 Matlab 软件包的 Simulink 等组件,能够对各种动态系统进行仿真分析,并且能为多种实时目标生成可执行代码,这显然有利于缩短软、硬件系统的研发周期。

时至今日,经过 MathWorks 公司的不断完善,Matlab 已经发展成为适合多学科、多种工作平台的功能强大的大型软件。在国外,Matlab 已经使用了多年。在欧美诸高校,Matlab 已经成为线性代数、自动控制理论、数理统计、数字信号处理、时间序列分析、动态系统仿真等高级课程的基本教学工具;成为攻读学位的大学生、硕士生、博士生必须掌握的基本技能。在设计研究单位和工业部门,Matlab 被广泛用于科学研究和解决各种具体问题。在国内,特别是在工程界,Matlab 一定会盛行起来。可以说,无论你从事工程方面的哪个学科,都能在 Matlab 里找到合适的功能来解决你的问题。

本章是根据 Matlab 6.5 版编写的,但大部分内容也适用于其他 6.x 版。

Matlab 最突出的特点就是简洁。Matlab 用更直观的、符合人们思维习惯的代码,代替 C 和 FORTRAN 语言的冗长代码。Matlab 给用户带来的是最直观、最简洁的程序开发环境。以下简单介绍 Matlab 的主要特点。

(1) 语言简洁,使用方便,库函数极其丰富。Matlab 程序书写形式自由,可利用其丰富的库函数避开繁杂的子程序编程任务,省略一切不必要的编程工作。由于库函数都由本领域的专家编写,用户不必担心函数的可靠性。

具有 FORTRAN 和 C 等高级语言知识的读者可能已经注意到,如果用 FOR-TRAN 或 C 语言去求解复杂问题,尤其涉及矩阵运算和画图,编程会很麻烦。

(2) 运算符丰富。由于 Matlab 是用 C 语言编写的,Matlab 提供了和 C 语言几乎一样多的运算符,灵活使用 Matlab 的运算符将使程序变得极为简短。

(3) Matlab 既具有结构化的控制语句(如 for 循环,while 循环,break 语句和 if 语句),又有面向对象编程的特性。

(4) 程序限制不严格,程序设计自由度大。例如,在 Matlab 里,用户无需对矩阵预定义就可使用。

(5) 程序的可移植性很好,基本上不做修改就可以在各种型号的计算机和操作系统上运行。

(6) Matlab 的图形功能强大。在 FORTRAN 和 C 语言里,绘图都很不容易实现,但在 Matlab 里,数据的可视化非常简单。Matlab 还具有较强的编辑图形的能力。

(7) 由于 Matlab 的程序不用编译等预处理,也不生成可执行文件,程序为解释执行的,它和其他高级程序相比,程序的执行速度较慢。

(8) 功能强大的工具箱是 Matlab 的另一特色。Matlab 包含两个部分:核心部分和各种可选的工具箱。核心部分有数百个核心内部函数。其工具箱又分为两类:功能性工具箱和学科性工具箱。功能性工具箱主要用来扩充其符号计算功能,图示建模仿真功能,文字处理功能以及与硬件实时交互功能,可用于多种学科。而学科性工具箱的专业性比较强,如 control toolbox、signl proceessing toolbox、commumnication toolbox 等。这些工具箱都是由该领域内学术水平很高的专家编写的,所以用户无需编写自己学科范围内的基础程序,就可直接进行高、精、尖的研究。

(9) 源程序的开放性。开放性也许是 Matlab 最受人们欢迎的特点。除内部函数以外,所有 Matlab 的核心文件和工具箱文件都是可读可改的源文件。用户可通过对源文件的修改,以及加入自己的文件构成新的工具箱。

Matlab 在信号与系统中的应用主要有数值计算、符号运算和绘制波形图。信号与系统课程具有公式多、波形变换多、计算量大等特点,而将 Matlab 作为计算工具能满足信号与系统课程的要求。

1.2 Matlab 的应用开发环境

1. 命令窗口

点击桌面上的 Matlab 图标,进入 Matlab 后,就可看到命令窗口(Command Window)。命令窗口是与 Matlab 编译器连接的主窗口,当显示符号">>"时,就表示系统已处于准备接受命令的状态,它用于输入 Matlab 命令,并显示计算结果。

2. 图形窗口

通常,只要执行任一种绘图命令,就会自动产生图形窗口。以后的绘图都在这一个图形窗口中进行。如果想再建一个或几个图形窗口,则可键入 figure,Matlab 会新建一个图形窗口,并自动对它依次排序。如果要人为规定新图为 3 号图形窗口,则可键入 figure(3)。

3. 文本编辑窗口

用 Matlab 计算有两种方式:一种是直接在命令窗口一行一行地输入各种命令,这只能进行简单的计算,对于稍大一些的计算,就不方便了;另一种方法是把多行命令组成一个 M 文件,让 Matlab 来自动执行,编写和修改这种文件就要用文本编辑窗上。

4. M 文件

Matlab 的源文件都是以后缀为 M 的文件来存放的,这种 .m 文件其实就是一个纯文本文件,它采用的是 Matlab 所特有的一套语言及语法规则。

M 文件有两种写法:一种称为脚本,即包含一连串的 Matlab 命令,执行时依序执行;另一种称为函数,与 Matlab 提供的内部函数一样,可以供其他程序或命令调用。

注意:保存 .m 文件所用的文件名不能以数字开头,其中不能包含中文字,也不能包含"."、"+"、"-"、"~"和空格等特殊字符(但可以包含下画线"_"),也不能与当前工作空间(wordspace)中的参数、变量、元素同名,当然也不能与 Matlab 的固有内部函数同名。

5. 设置工作路径和搜索路径

在 Matlab 环境中,最初默认的当前工作目录是 Matlab 安装目录下的 work 子目录。如果不特别指明存放路径,Matlab 总是将数据和文件存放在当前目录中。为了方便,最好先建立自己的专用目录,并将其设置成当前目录。直接点击命令窗口的上排工具栏最右文本框 Current Directory 边上的按钮"- - -",可将刚才新建的工作目录设为当前工作目录。

设置 Matlab 的搜索路径的方法是,点击菜单 File 中的 Set Path...,进入对话框 Set Path,然后点击左边的按钮"Add Foldre..."或按钮"Add with Subfolders...",添加刚才新建的工作目录到右边的搜索路径列表中去,然后点击按钮"Save"保存,点击按钮"Close"关闭。这样,这个工作目录就被加到 Matlab 的搜索路径中去了。

设置当前工作目录及搜索路径的好处在于,以后在 Matlab 环境中可以直接调用所编的.m 源文件来运行。

1.3 数值计算功能

1.3.1 矩阵和数组的运算

1. 矩阵的创建

在 Matlab 中,把由下标表示次序的标量数据的集合称为矩阵,或称为数组。从数的集合的角度来看,数组和矩阵没有什么不同,但从运算角度看,矩阵运算和数组运算却遵循不同的运算规则。

(1) 直接输入法创建矩阵,例如,

```
>> x=[1,2,3;4,5,6]
x =
    1  2  3
    4  5  6
>> y=[1:6;12:-2:1]    %y 的第 1 行元素从 1 到 6,间隔为 1;第 2 行元素从 12 到 1,间隔为 -2
y =
    1   2   3   4   5   6
   12  10   8   6   4   2
>> z=linspace(1,9,6)   %从 1 至 9 取等间隔的 6 个点构成 z
z =
   1.0000   2.6000   4.2000   5.8000   7.4000   9.0000
>> g=logspace(0,3,5)   %从 $10^0$ 至 $10^3$ 按对数取等间隔的 5 个点构成 g
g =
  1.0e+003 *
    0.0010   0.0056   0.0316   0.1778   1.0000
```

(2) 用内部函数生成特殊矩阵,例如,

```
>> x1=diag(1:4)        % 生成对角阵
x1 =
    1  0  0  0
    0  2  0  0
    0  0  3  0
    0  0  0  4
```

```
>> z1=zeros(2,4)        % 生成零矩阵
z1 =
    0  0  0  0
    0  0  0  0
>> I=eye(3,3)           % 生成单位矩阵
I =
    1  0  0
    0  1  0
    0  0  1
>> U=ones(2,5)          % 生成全1矩阵
U =
    1  1  1  1  1
    1  1  1  1  1
>> R=rand(3,5)          % 生成随机矩阵
R =
    0.1338  0.6299  0.4514  0.3127  0.6831
    0.2071  0.3705  0.0439  0.0129  0.0928
    0.6072  0.5751  0.0272  0.3840  0.0353
```

(3) 复数矩阵的输入,例如,

```
>> A=[1 2j;3 4+5e1i]    % i,j 均是虚数单位
A =
    1.0000              0 + 2.0000i
    3.0000              4.0000 +50.0000i
>> B=[5*j i*9;12 7-5j]
B =
         0 + 5.0000i         0 + 9.0000i
    12.0000              7.0000 - 5.0000i
>> C=[8j 6;5*exp(pi/3j) 7]  % pi=π,exp 为指数函数,复数以指数形式输入
C =
         0 + 8.0000i    6.0000
    2.5000 - 4.3301i    7.0000
```

2. 矩阵运算和数组运算

数组运算相当于数据的批处理操作(常用它来代替循环),它对矩阵中的元素逐个进行相同的运算。

数组运算符与矩阵运算符的区别是:矩阵运算符前没有小黑点;数组运算符前有小黑点。除非含有标量,否则数组运算表达式中的矩阵大小必须相同。

矩阵运算与数组运算的比较:如乘法

```
>> A=[1 2;3 4],B=[2 3;4 5],C=A*B,D=A.*B
A =
    1  2
    3  4
B =
```

```
        2   3
        4   5
C =
       10  13
       22  29
D =
        2   6
       12  20
```

如除法，运行结果如下：

```
>> E=A./B
E =
    0.5000   0.6667
    0.7500   0.8000
>> E=A.\B
E =
    2.0000   1.5000
    1.3333   1.2500
>> E=A\B
E =
        0   -1
        1    2
>> E=A/B
E =
    1.5000  -0.5000
    0.5000   0.5000
```

数组与矩阵的幂次运算比较如下：

```
>> A^2
ans =
        7   10
       15   22
>> A.^2
ans =
        1    4
        9   16
```

1.3.2 解线性方程组和非线性方程组

1. 解线性方程组

设矩阵方程为：$AX=B$，$X=\text{inv}(A)\times B=A\backslash B$，矩阵除法可以方便地解线性方程组。

如节点方程为

$$\begin{bmatrix} 2 & -0.5 & -0.5 \\ -0.5 & 1.25 & -0.25 \\ -0.5 & -0.25 & 1 \end{bmatrix} \begin{bmatrix} U_1 \\ U_2 \\ U_3 \end{bmatrix} = \begin{bmatrix} 7 \\ 0 \\ -11 \end{bmatrix}$$

用 Matlab 求解，命令如下：

```
>> Y=[2 -0.5 -0.5;-0.5 1.25 -0.25;-0.5 -0.25 1];I=[7 0 -11];U=Y\I'
U =
    0.0370
   -2.2963
  -11.5556
```

所以，$U_1=0.037$，$U_2=-2.2963$，$U_3=-11.5556$

2. 解非线性方程

如求方程 $e^{-0.5t}\sin(t+\pi/6)=0$ 在 $t=0,10$ 附近的解。

```
>> fzero(inline('exp(-0.5*t).*sin(t+pi/6)'),0)
ans =
   -0.5236
>> fzero(inline('exp(-0.5*t).*sin(t+pi/6)'),10)
ans =
    8.9012
>> t=8.9012;exp(-0.5*t)*sin(t+pi/6)
ans =
   -2.4294e-007
>> t=-0.5236;exp(-0.5*t)*sin(t+pi/6)
ans =
   -1.5908e-006
```

1.3.3 多项式操作

1. 求根

求根是指找出多项式的根，即使得多项式为零的值，它通常是许多学科共同的问题。Matlab 可以求解这个问题，并提供其他的多项式操作工具。在 Matlab 里，多项式由一个行向量表示，它的系数是按降序排列的。

例如，输入多项式 $x^4-12x^3+0x^2+25x+116$，

```
>> p=[1 -12 0 25 116]
p =
    1  -12   0   25  116
```

注意，输入数据中必须包括具有零系数的项。除非特别地辨认，Matlab 无法知道哪一项为零。给出这种形式，就可用函数 roots 找出一个多项式的根。

```
>> r=roots(p)
r =
   11.7473
    2.7028
```

$$-1.2251 + 1.4672i$$
$$-1.2251 - 1.4672i$$

因为在 Matlab 中,无论是一个多项式,还是它的根,都是向量,Matlab 按惯例规定,多项式是行向量,根是列向量。给出一个多项式的根,也可以构造相应的多项式。在 Matlab 中,由函数 poly 完成这项功能。

```
>> pp=poly(r)
pp =
   1.0e+002 *
  Columns 1 through 4
    0.0100   -0.1200   0.0000   0.2500
  Column 5
    1.1600 + 0.0000i
>> pp=real(pp)
pp =
    1.0000  -12.0000   0.0000  25.0000  116.0000
```

因为 Matlab 能无隙地处理复数,当用根重组多项式时,如果一些根有虚部,则由于截断误差,则 poly 的结果有一些小的虚部,是很普通的。要消除虚假的虚部,如上所示,只要使用函数 real 抽取实部即可。

2. 乘法

函数 conv 支持多项式乘法(执行两个数组的卷积)。

求两个多项式 $a(x)=x^3+2x^2+3x+4$ 和 $b(x)=x^3+4x^2+9x+16$ 的乘积。

```
>> a=[1 2 3 4]; b=[1 4 9 16];
>> c=conv(a, b)
c =
     1    6   20   50   75   84   64
```

结果是 $c(x)=x^6+6x^5+20x^4+50x^3+75x^2+84x+64$。两个以上的多项式的乘法需要重复使用函数 conv。

3. 加法

对于多项式加法,Matlab 没有提供一个直接的函数。如果两个多项式向量大小相同,则标准的数组加法有效。把多项式 $a(x)$ 与上面给出的 $b(x)$ 相加。

```
>> d=a+b
d =
     2    6   12   20
```

结果是 $d(x)=2x^3+6x^2+12x+20$。当两个多项式阶次不同时,低阶的多项式必须用首零填补,使其与高阶多项式有同样的阶次。求上面多项式 $c(x)$ 和

$d(x)$ 相加。

```
>> e=c+[0 0 0 d]
e =
    1    6   20   52   81   96   84
```

结果是 $e(x)=x^6+6x^5+20x^4+52x^3+81x^2+96x+84$。要求首零而不是尾零，是因为相关的系数像 x 幂次一样，必须整齐。

4. 除法

在一些特殊情况，一个多项式需要除以另一个多项式。在 Matlab 中，这由函数 deconv 完成。用上面的多项式 $c(x)$ 除以 $b(x)$。

```
>> [q, r]=deconv(c, b)
q =
    1    2    3    4
r =
    0    0    0    0    0    0    0
```

$b(x)$ 除 $c(x)$ 的结果是给出商多项式 $q(x)$ 和余数 r，在现在情况下 r 是零，因为 $b(x)$ 和 $q(x)$ 的乘积恰好是 $c(x)$。

5. 导数

由于一个多项式的导数表示简单，Matlab 为多项式求导提供了函数 polyder。

```
>> g
g =
    1    6   20   48   69   72   44
>> h=polyder(g)
h =
    6   30   80  144  138   72
```

6. 估值

根据多项式系数的行向量，可对多项式进行加、减、乘、除和求导，也应该能对它们进行估值。在 Matlab 中，估值是由函数 polyval 来完成的。

```
>> x=linspace(-1,3);        % 建立数组 x
>> p=[1 4 -7 -10];          % 设 p(x) = x^3+4x^2-7x-10
>> v=polyval(p,x);
```

计算 x 值上的 $p(x)$，把结果存在 v 里，然后用函数 plot 绘出结果。

```
>> plot(x,v),title('x^3+4x^2-7x-10'),xlabel('x')
```

绘出的图形如图 1.3-1 所示。

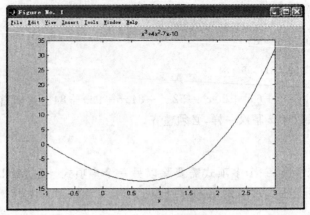

图 1.3-1　多项式估值

7. 有理多项式

在许多应用，如傅里叶(Fourier)、拉普拉斯(Laplace)和 Z 变换中，常常会出现有理多项式或两个多项式之比。在 Matlab 中，有理多项式由它们的分子多项式和分母多项式表示。对有理多项式进行运算的两个函数是 residue 和 polyder。函数 residue 完成部分分式展开。

```
>> num=10*[1 2];              % 分子多项式
>> den=poly([-1;-3;-4]);      % 分母多项式
>> [res,poles,k]=residue(num,den)
res =
    -6.6667
     5.0000
     1.6667
poles =
    -4.0000
    -3.0000
    -1.0000
k =
    []
```

结果是余数、极点和部分分式展开的常数项。上面的结果说明了该问题，即

$$\frac{10(s+2)}{(s+1)(s+3)(s+4)}=\frac{-6.6667}{s+4}+\frac{5}{s+3}+\frac{1.6667}{s+1}+0$$

这个函数也执行逆运算。

```
>> [n,d]=residue(res,poles,k)
n =
    0.0000   10.0000   20.0000
d =
    1.0000    8.0000   19.0000   12.0000
```

```
>> roots(d)
ans =
   -4.0000
   -3.0000
   -1.0000
```

residue 也能处理重极点的情况,尽管这里没有考虑。

正如前面所述,结果是函数 polyder 对多项式求导。除此之外,如果给出两个输入,则它对有理多项式求导。

```
>> [b,a]=polyder(num,den)
b =
   -20  -140  -320  -260
a =
    1   16   102   328   553   456   144
```

该结果为

$$\frac{d}{ds}\left\{\frac{10(s+2)}{(s+1)(s+3)(s+4)}\right\} = \frac{-20s^3 - 140s^2 - 32s - 260}{s^6 + 16s^5 + 102s^4 + 328s^3 + 553s^2 + 456s + 144}$$

表 1.3-1 概括了在本节所讨论的多项式函数。

表 1.3-1 多项式函数

函 数 名	说 明
conv(a, b)	乘法
[q, r]=deconv(a, b)	除法
poly(r)	用根构造多项式
polyder(a)	对多项式或有理多项式求导
polyfit(x, y, n)	多项式数据拟合
polyval(p, x)	计算 x 点中多项式值
[r, p, k]=residue(a, b)	部分分式展开式
[a, b]=residue(r, p, k)	部分分式组合
roots(a)	求多项式的根

1.3.4 数值积分

用 Matlab 的数值方法可计算单重积分和多重积分。下面举例说明几种求积分的方法。如计算 $\int_0^1 e^{-x^2} dx$。

符号积分方法为

```
>> syms x;IS=int('exp(-x*x)','x',0,1),vpa(IS)
IS =
1/2*erf(1)*pi^(1/2)
ans =
```

.74682413281242702539946743613185

用数值积分函数 quad、quadl 求解：

```
>>fun=inline('exp(-x.*x)','x');Isim=quad(fun,0,1),IL=quadl(fun,0,1)
Isim =
    0.7468
IL =
    0.7468
```

1.3.5 非线性函数的数值分析

每当难以对一个函数进行积分、微分或解析上确定一些特殊的值时，可以借助计算机求得在数值上近似的结果，这在计算机科学和数学领域，称为数值分析。而 Matlab 能提供解决这些问题的工具。

1. 绘图

说到绘图，只要计算出函数在某一区间的值，并且画出结果向量，这样就可得到函数的图形。在大多数情况下，这就足够了。然而，有时一个函数在某一区间是平坦的，而在其他区间却失控。在这种情况下，运用传统的绘图方法会导致图形与函数真正的特性相差甚远。Matlab 提供了一个巧妙的绘图函数 fplot。该函数能细致地计算要绘图的函数，并且确保在输出的图形中表示出所有的奇异点。该函数的输入需要知道以字符串表示的被画函数的名称以及二元素数组表示的绘图区间。其调用格式为

$$\text{fplot}('函数名', [初值 x0, 终值 xf])$$

对于可表示成一个字符串的简单的函数，如 $y=2e^{-x}\sin(x)$，fplot 绘制这类函数的曲线时，不用建立 M 文件，只需把 x 当做自变量，把被绘图的函数写成一个完整的字符串。

例 1.3-1 用 fplot 函数画出曲线。

```
>> f='2*exp(-x).*sin(x)';
>> fplot(f,[0 8]);
```

在区间 $0 \leqslant x \leqslant 8$ 绘出上述函数，产生如图 1.3-2 所示的图形。

函数 fplot 还有很多强大的功能，有关详细的信息可参见在线帮助。

2. 求函数极值

绘图除了可提供视觉信息外，还常常可以确定一个函数更多的特殊属性。在许多应用中，人们特别感兴趣的是确定函数的极值，即**最大值**（峰值）和**最小值**（谷值）。数学上，也用确定函数导数（斜率）为零的点，来求出这些极值点。显然，如果定义的函数简单，则这种方法常常奏效。然而，即使很多容易求导的函数，也常常很难找到导数为零的点。在这种情况，以及很难或不可能从解析上求得导数的情况下，则必须从数值

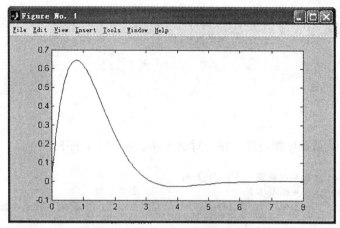

图 1.3-2 用 fplot 函数画出的曲线

上寻找函数的极值点。Matlab 提供了两个完成此功能的函数 fmin 和 fmins。这两个函数可分别寻找一维或 n 维函数的最小值。这里仅讨论 fmin。有关 fmins 的详细信息，可参阅《Matlab 参考指南》。因为 $f(x)$ 的最大值等于 $-f(x)$ 的最小值，所以，上述 fmin 和 fmins 可用来求最大值和最小值。如果还不清楚，则可把上述图形倒过来看，在这个状态下，峰值变成了谷值，而谷值则变成了峰值。

为了解释求解一维函数的最小值和最大值，再考虑例 1.3-1。从图 1.3-2 可知，在 $x_{max}=0.7$ 附近有一个最大值，并且在 $x_{min}=4$ 附近有一个最小值。而这些点的解析值为：$x_{max}=\pi/4\approx0.785$ 和 $x_{min}=5\pi/4\approx3.93$。为了方便，用文本编辑器编写一个脚本 M 文件，并用 fmin 寻出数值上极值点，给出程序如下：

```
% 用 fmin 寻出数值上极值点      e1_3_1.m
fn='2*exp(-x).*sin(x)';          % 定义函数
xmin=fmin(fn,2,5);               % 在 2<x<5 区间寻找最小值
emin=5*pi/4-xmin;                % 计算误差
x=xmin;
ymin=eval(fn)                    % 计算函数的极小值
fx='-2*exp(-x).*sin(x)';         % 定义最大值的函数
xmax=fmin(fx,0,3);               % 在 0<x<3 区间寻找最小值
emax=pi/4-xmax
x=xmax;
ymax=eval(fn)                    % 计算函数的极大值
```

在命令窗口显示如下，这些结果与上述图形非常吻合。

xmin =
    3.9270
emin =

```
        1.4523e-006
ymin =
        -0.0279
xmax =
        0.7854
emax =
        -1.3781e-005
ymax =
        0.6448
```

用 fminbnd 函数可能更好一些。对例 1.3-1 编写程序如下：

```
% 用 fminbnd 函数寻找极值     e1_3_2.m
fn='2*exp(-x).*sin(x)';                  % 定义函数
xmin=fminbnd(fn,2,5)                     % 在 2<x<5 区间寻找最小值
x=xmin;
ymin=eval(fn)                            % 计算函数的极小值
[xm,ym,flag,out]=fminbnd(fn,2,5)         % 在 2<x<5 区间寻找函数最小值
[xmax,ymax]=fminbnd(['-' fn],0,3)        % 在 0<x<3 区间求函数最大值
fplot(fn,[0 8]);
hold on,plot(xmin,ymin,'ro');
hold on,plot(xmax,-ymax,'r*');hold off
text(xmax+0.2,-ymax,['\leftarrow 极大值',...
    ' x=',num2str(xmax),' y=',num2str(-ymax)])
text(xmin,ymin+0.05,['极小值',...
    ' x=',num2str(xmin),' y=',num2str(ymin)])
```

程序运行后显示的图形如图 1.3-3 所示。

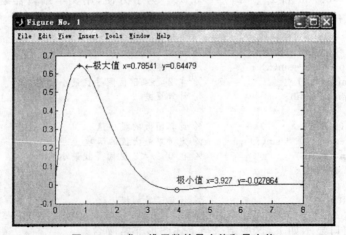

图 1.3-3　求一维函数的最小值和最大值

3. 求零点

正如人们对寻找函数的极点感兴趣一样，有时寻找函数过零或等于其他常数的点

也非常重要。一般试图用解析的方法寻找这类点非常困难,而且很多时候是不可能的。在图 1.3-3 所示的曲线中,该函数在 $x=3$ 附近过零。

```
>> x_zero=fzero('2*exp(-x).*sin(x)',3)
x_zero =
    3.1416
>> y_zero=2*exp(-x_zero)*sin(x_zero)
y_zero =
   -2.7797e-017
```

函数 fzero 不仅能寻找零点,它还可以寻找函数等于任何常数值的点,仅仅要求给它一个简单的再定义即可。例如,为了寻找 $f(x)=c$ 的点,定义函数 $g(x)=f(x)-c$,然后,在 fzero 中使用 $g(x)$,就会找出 $g(x)$ 为零的 x 值,它发生在 $f(x)=c$ 时。

1.4 基本绘图方法

数据可视化能使人们用视觉器官直接感受到数据的许多内在本质。因此,数据可视化是人们研究科学、认识世界所不可缺少的手段。Matlab 不仅在数值计算方面是一个优秀的科技应用软件,在数据可视化方面也具有上佳表现。

Matlab 具有二维、三维乃至四维的图形表现能力,可以从线型、边界面、色彩、渲染、光线、视角等方面把数据的特征表现出来。

Matlab 的可视化功能是建立在一组"图形对象"的基础之上的。"图形对象"的核心是图形的句柄(granhics handle)操作。

Matlab 的有两个层次的绘图指令。

(1) 底层(low-level)绘图指令 该命令直接对句柄进行操作。底层绘图指令控制和表现数据图形的能力比高层绘图指令强,特点是灵活多变,较难掌握。

(2) 高层(high-level)绘图指令 该命令是建立在底层指令上的绘图指令。最常用的是高层绘图指令。高层绘图指令简单明了,容易掌握,本节主要介绍高层绘图指令。最常用的两个绘图指令是 plot 和 stem。

1.4.1 简单的绘图

Matlab 的绘图功能很强,下面先介绍最简单的二维绘图指令 plot。plot 是用来画函数 x 对函数 y 的二维图,例如,要画出 $y = \sin(x)$,$0 < x < 2p$。plot 可以在一个图上画数条曲线,且以不同的符号及颜色来标示曲线。如要在 x、y 轴及全图加注说明,则可利用函数 xlabel, ylabel, title。三维图的函数为 plot3。此外,二维图及三维图皆可使用函数 grid 加上格线。举例说明如下。

例 1.4-1 用 Matlab 函数绘简单图形。

解 Matlab 程序如下:

```
>> t=linspace(0,2*pi,100); y1=sin(t);     % 建立 t 及 y1 数组
>> figure(1);                              % 建立第 1 个图形窗口
>> plot(t,y1)                              % t 为 x 轴,y1 为 y 轴画曲线
>> y2=cos(t);                              % 建立 y2 数组
>> figure(2)                               % 建立第 2 个图形窗口
>> plot(t,y1,t,y2)                         % 画两条曲线 y1 和 y2
>> figure(3)                               % 建立第 3 个图形窗口
>> plot(t,y1,t,y2,'+')                     % 第二条曲线以符号 + 标示
>> figure(4)                               % 建立第 4 个图形窗口
>> plot(t,y1,t,y1.*y2,'--')                % 画两条曲线,y1 和 y1.*y2
>> xlabel('x-axis')                        % 加上 x 轴的说明
>> ylabel('y-axis')                        % 加上 y 轴的说明
>> title('2D plot')                        % 加上图的说明
>> figure(5)                               % 建立第 5 个图形窗口
>> plot3(y1,y2,t), grid                    % 将 y1-y2-t 画三维图,并加上格线
```

显示的图形如图 1.4-1 至图 1.4-5 所示。

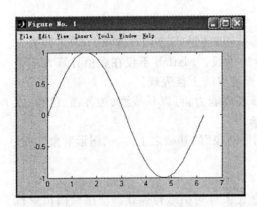

图 1.4-1 正弦波形

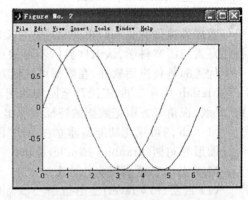

图 1.4-2 余弦和正弦波形

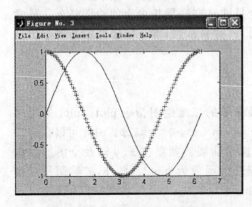

图 1.4-3 余弦波形用"+"号显示

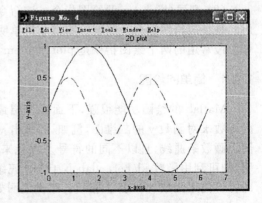

图 1.4-4 画两函数乘积的波形

1 Matlab 应用基础   17

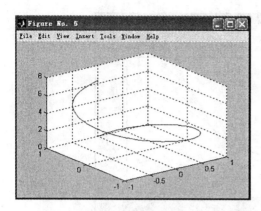

图 1.4-5　画三维图形

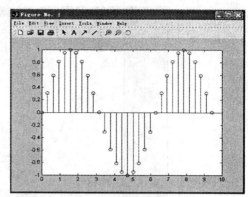

图 1.4-6　画离散波形

将以上命令全部放在一个 M 文件中，就是一个 Matlab 程序。五个图一次出现。

函数 Stem 与函数 plot 在用法和功能上几乎完全相同，只不过通常用函数 stem 来绘制离散信号的图形，即绘制出来的图形是点点分立的。如

>> n=0:pi/10:3*pi;stem(n,sin(n))

显示的图形如图 1.4-6 所示。

Matlab 的基本绘图函数如表 1.4-1 所示。

表 1.4-1　基本作图函数

函　数	功　能	函　数	功　能
plot	绘制连续波形	title	为图形加标题
stem	绘制离散波形	grid	画网格线
polar	极坐标绘图	xlable	为 x 轴加上轴标
loglog	双对数坐标绘图	ylable	为 y 轴加上轴标
plotyy	用左、右两种坐标	text	在图上加文字说明
semilogx	半对数 X 坐标	gtext	用鼠标在图上加文字说明
semilogy	半对数 Y 坐标	legend	标注图例
subplot	分割图形窗口	axis	定义 x,y 坐标轴标度
hold	保留当前曲线	line	画直线
ginput	从鼠标作图形输入	ezplot	画符号函数的图形
figure	定义图形窗口	—	—

1.4.2　颜色和线型、点型的标识符

Matlab 会自动设定曲线的颜色和线型。如

>>t=(0:pi/50:2*pi)';k=0.4:0.1:1;Y=cos(t)*k;plot(t,Y)

显示的图形如图 1.4-7 所示。可见曲线的颜色是自动生成的。

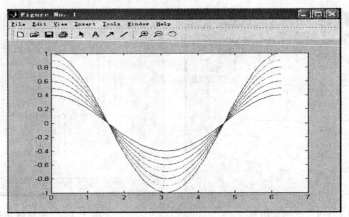

图 1.4-7　曲线颜色的自动生成

表 1.4-2 所示为绘图设定的颜色、线型、点型的标识符。

表 1.4-2　绘图设定的颜色、线型、点型的标识符

标识符	颜　　色	标识符	线型和点型	标识符	线型和点型
y	黄	.	点	s	方框
m	品红	o	圆圈	d	菱形
c	青	x	X号	v	下三角
r	红	+	+号	^	上三角
g	绿	—	实线	<	左三角
b	蓝	*	星号	>	右三角
w	白	:	虚线	p	五角星
k	黑	—.	点划线	h	六角星
—	—	— —	长划线	—	—

例 1.4-2　用图形表示连续调制波形 $y=\sin(t)\cdot\sin(9t)$。

解　Matlab 程序如下：

```
% 用图形表示连续调制波形 y=sin(t)·sin(9t) 及其包络线 E1_4_1.m
t=(0:pi/100:pi)';
y1=sin(t)*[1,-1];
y2=sin(t).*sin(9*t);
t3=pi*(0:9)/9;
y3=sin(t3).*sin(9*t3);plot(t,y1,'r:',t,y2,'b',t3,y3,'bo');
axis([0,pi,-1,1]);
```

程序运行后显示的图形如图 1.4-8 所示。

1.4.3　子图的画法

要在一个图形窗口显示多幅子图,可通过 Matlab 提供的函数 subplot 来实现。下面举例说明。

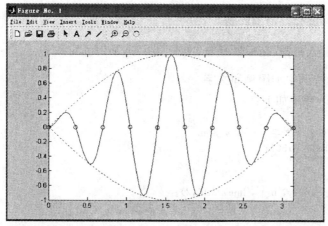

图 1.4-8 连续调制波形 $y=\sin(t)\cdot\sin(9t)$ 及其包络线

例 1.4-3 演示函数 subplot 对图形窗的分割。

解 Matlab 程序如下:

```
% 图形窗的分割举例    el_4_2.m
clf;t=(pi*(0:1000)/1000)';
y1=sin(t);y2=sin(10*t);y12=sin(t).*sin(10*t);
subplot(2,2,1),plot(t,y1);axis([0,pi,-1,1])
subplot(2,2,2),plot(t,y2);axis([0,pi,-1,1])
subplot('position',[0.2,0.05,0.65,0.45])
plot(t,y12,'b-',t,[y1,-y1],'r:');axis([0,pi,-1,1])
```

程序运行后显示的图形如图 1.4-9 所示。

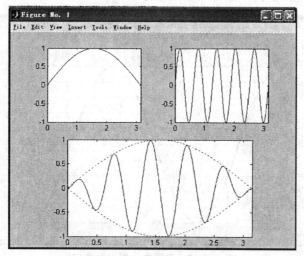

图 1.4-9 图形窗的分割

1.4.4 坐标、刻度和分格线控制

在图形中加入格栅、坐标轴标志、文本说明等,举例说明如下。

例 1.4-4 在图中加图例和文字。

解 Matlab 程序如下:

```
% 在图中加图例和文字        e1_4_3.m
t=linspace(0,pi*3,30);
x=sin(t);
y=cos(t);
plot(t,x,'r--',t,y,'b-','linewidth',2);
grid                          % 加入格栅
xlabel('x 轴')
ylabel('y 轴')
title('正弦与余弦曲线')
text(1,-0.1,'余弦')           % 在图中标文字"余弦"
text(3.1,0.1,'正弦')
legend('sin(x)','cos(x)',3)   % 在图中标图例
%LEGEND('string',Pos) places the legend in the specified,
%      0 = Automatic "best" placement (least conflict with data)
%      1 = Upper right—hand corner (default)
%      2 = Upper left—hand corner
%      3 = Lower left—hand corner
%      4 = Lower right—hand corner
%     -1 = To the right of the plot
%按鼠标 left mouse button 拖 legend 到指定的位置
```

程序运行后显示的图形如图 1.4-10 所示。

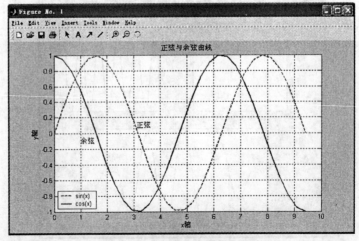

图 1.4-10 在图中加图例和文字

1.4.5 标注字符串

除了可在坐标轴上作标注之外，Matlab 也可以在图中的任意特定位置上作文字标注。这可以利用函数 text 来实现，举例说明如下。

例 1.4-5 在图中的任意特定位置上作文字标注。

解 Matlab 程序如下：

```
% 在图中的任意特定位置上作文字标注    el_4_4.m
clf;t=0:pi/60:2*pi;y=sin(t);
plot(t,y,'linewidth',2);
axis([0,2*pi,-1.2,1.2])
hold,plot(pi/2,1,'ro'),line([0 2*pi],[0 0]);
text(pi/2+0.2,1.01,...
      '\fontsize{12}\leftarrow\itsin(t)\fontname{隶书}极大值')
text(5*pi/4,sin(5*pi/4),...
      'sin(t)=-0.707\rightarrow','HorizontalAlignment','right')
hold off
```

程序运行后显示的图形如图 1.4-11 所示。

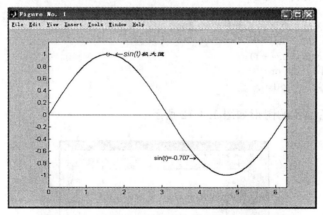

图 1.4-11 在图中的任意特定位置上作文字标注

另外，也可使用函数 gtext 来为所绘制图形加上文字标注，其用法为

gtext('要加的文字标注')

可见函数 gtext 的用法比函数 text 更为简单，其中的参数没有指定 x 坐标和 y 坐标值。在使用时，它是由用户通过鼠标的移动来定位要添加文字标注在图中的位置的。

标注文字可以使用 TeX 字符串，这样就能在图形上显示像 Σ、Ω 等特殊字符，并可控制其上、下标，字体和大、小写等属性。TeX 字符串的特殊字符由"\"引导。字符的格式由修饰符引导，常用的修饰符有^(上标)、_(下标)、\bf(粗体)、\it(斜体)、\rm

(正常)、\fontname{ fontname }(字体)、\fontsize{ fontsize }(字体大小)等。修饰符的作用范围用花括号{ }定义(修饰符应位于{ }内);没有{ }时,修饰符的作用范围将从它出现的位置开始直到字符串结束。例如,字符串 '{\itA}e^{-\it\alphat}sin(2pi{\it\ft}+{\it\beta})' 表示 $Ae^{-\alpha t}\sin(2\pi ft+\beta)$。常用特殊 TeX 字符串如表 1.4-3 所示。

表 1.4-3 常用特殊 TeX 字符串

TeX 字符串	符号	TeX 字符串	符号	TeX 字符串	符号
\alpha	α	\theta	θ	\phi	φ
\beta	β	\lambda	λ	\Phi	Φ
\gamma	γ	\tau	τ	\pi	π
\delta	δ	\int	∫	\infty	∞
\epsilon	ε	\omega	ω	\Omega	Ω
\sigma	σ	\times	×	\approx	≈
\leftarrow	←	\uparrow	↑	\leftrightarrow	↔

1.4.6 多次叠绘、双纵坐标

例 1.4-6 利用 hold 绘制离散信号通过零阶保持器后产生的波形。

解 Matlab 程序如下:

```
% 离散信号通过零阶保持器后产生的波形    el_4_5.m
t=2*pi*(0:20)/20;
y=cos(t).*exp(-0.4*t);
stem(t,y,'fill');hold on;
stairs(t,y,'r');hold off;
```

程序运行后显示的图形如图 1.4-12 所示。

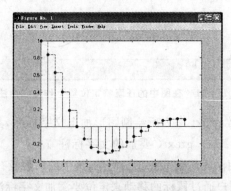

图 1.4-12 离散信号通过零阶保持器后产生的波形

例 1.4-7 用双纵坐标画出函数 $y=x\sin x$ 和积分 $s=\int_0^x (x\sin x)\mathrm{d}x$ 在区间 $[0,4]$

上的曲线。

解 Matlab 程序如下：

```
% 双纵坐标画图      el_4_6.m
clf;dx=0.1;x=0:dx:4;y=x.*sin(x);
s=cumtrapz(y)*dx;      %梯形法求累计积分
plotyy(x,y,x,s);
text(0.5,0,'\fontsize{14}\ity=xsinx');
sint='{\fontsize{16}\int_{\fontsize{8}0}^{ x}}';
text(2.5,3.5,['\fontsize{14}\its=',sint,'\fontsize{14}\itxsinxdx']);
```

程序运行后显示的图形如图 1.4-13 所示。

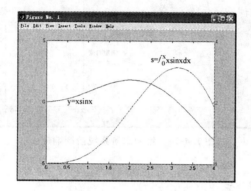

图 1.4-13 双纵坐标画图

例 1.4-8 绘制二阶系统阶跃响应，综合演示图形标志。本例综合性较强，涉及的函数较多。请读者耐心读，实际做，再看指令后的注释，定会受益匪浅。

解 Matlab 程序如下：

```
% 绘制二阶系统阶跃响应      el_4_7.m
clf;t=6*pi*(0:100)/100;
y=1-exp(-0.3*t).*cos(0.7*t);
tt=t(find(abs(y-1)>0.05));ts=max(tt);    % 求镇定时间
plot(t,y,'r-','LineWidth',2);            % 画阶跃响应曲线
axis([-inf,6*pi,0.6,inf]);               % 定坐标范围
% 设定坐标刻度
set(gca,'Xtick',[2*pi,4*pi,6*pi],'Ytick',[0.95,1,1.05,max(y)]);
grid on
title('\it y = 1 - e^{ -\alphat}cos(\omegat)');    % 标注标题
text(13.5,1.2,'\fontsize{12}{\alpha}=0.3');        % 标注参数
text(13.5,1.15,'\fontsize{12}{\omega}=0.7');       % 标注参数
% 在镇定时间 ts 与曲线的交点处画"o"
hold on;plot(ts,0.95,'bo','MarkerSize',10);hold off
cell_string{1}='\fontsize{12}\uparrow';            % 标注上箭头
```

```
cell_string{2}='\fontsize{12} \fontname{黑体}镇定时间';
cell_string{3}='\fontsize{6}';
cell_string{4}=['\fontsize{12}\rmt_{s} = ' num2str(ts)];
text(ts,0.85,cell_string);                    % 标注数组内容
xlabel('t(sec)'),ylabel('y(t)');
```

程序运行后显示的图形如图 1.4-14 所示。

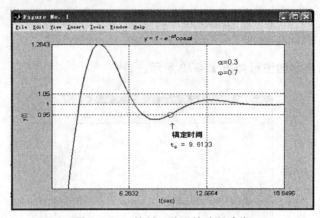

图 1.4-14　绘制二阶系统阶跃响应

1.5　字符串操作

为了提高输出图形的易读性，经常希望把标号和标题放在图上。在 Matlab 里，可将文本当做特征字符串或简单字符串。

1.5.1　字符串

在 Matlab 中的字符串一般是 ASCII 值的数值数组，它作为字符串表达式进行显示。一个字符串是由单引号括起来的简单文本。在字符串里的每个字符是数组里的一个元素，字符串的存储要求是每个字符如同 Matlab 的其他变量一样，要占用 8 个字节。因为 ASCII 字符只占用 1 个字节，故这种存储是很浪费的，7/8 所分配的存储空间无用。然而，对字符串保持同样的数据结构可简化 Matlab 的内部数据结构。尽管给出的字符串操作并不是 Matlab 的基本特点，但这种表达是方便和可接受的。

为了了解下面字符串的 ASCII 表达，只需对字符串执行一些算术运算。最简单和计算上最有效的方法是取数组的绝对值 abs。指令如下：

```
>> t=' How about this character string?'
>> u=abs(t)
u =
```

Columns 1 through 12
   72 111 119 32 97 98 111 117 116 32 116 104

Columns 13 through 24
   105 115 32 99 104 97 114 97 99 116 101 114

Columns 25 through 32
   32 115 116 114 105 110 103 63

函数 setstr 提供了逆转换，即

```
>> v=setstr(u)
v =
    How about this character string?
```

因为字符串是数值数组，可以用 Matlab 中所有可利用的数组操作工具对字符串进行操作，有

```
>> u=t(16:24)
u =
    character
```

可将字符串像数组一样进行编址。这里元素 16 到 24 包含单词 character，即

```
>> u=t(24:-1:16)
u =
    retcarahc
```

这是单词 character 的反向拼写。

字符串连接可以直接从数组连接中得到，指令如下：

```
>> u='If a woodchuck could chuck wood,';
>> v=' how much wood would a woodchuck chuck?';
>> w=[u v]
w =
If a woodchuck could chuck wood, how much wood would a woodchuck chuck?
```

函数 disp 允许不打印它的变量名而显示一个字符串，指令如下：

```
>>disp(u)
If a woodchuck could chuck wood,
```

注意，"u ="显示的语句被去掉了。这对在命令窗口显示字符串信息是很有用的。

如同矩阵一样，字符串也可以有多个行，但每行必须有相同的长度，因此，可用空格符填充，以使所有行有相同长度。指令如下：

```
>> v=['Character strings having more than'
     ' one row must have the same number'
```

```
' of column just like matrices! ']
v =
Character strings having more than
one row must have the same number
of column just like matrices!
```

考虑下面例子,它把一个字符串转换成大写。首先,函数 find 用来找出小写字符的下标值,然后,从小写元素中只减去小写与大写之差,最后,用 setstr 把求得的数组转换成它的字符串表示。

例 1.5-1 将字符串转换成大写。

解 Matlab 程序如下:

```
>> disp(u)
If a woodchuck could chuck wood,
>> i=find(u>='a'&u<='z');         % 查找 u 中的小写字母
>> u(i)=setstr(u(i)-('a'-'A'))
u =
IF A WOODCHUCK COULD CHUCK WOOD,
```

最后,当使用前面脚本文件这一章节中的输入函数 input 时,字符串是很有用的,指令如下:

```
>> t=' Enter number of rolls of tape > ';
>> tape=input(t)
Enter number of rolls of tape > 5
tape =
    5
```

另外,函数 input 能输入一个字符串,指令如下:

```
>> x=input(' Enter anything > ',' s')
Enter anything > anything can be entered
x =
anything can be entered
```

这里,在输入函数 input 里的附加参量 's' 告诉 Matlab,作为一个字符串,若只要把用户输入传送到输出变量,就不需要引号。事实上,如果将引号包括进去,它们就变成返回字符串的一部分。

1.5.2 字符串转换

除了上面讨论的字符串和它的 ASCII 表示之间转换外,Matlab 还提供了大量的其他有用的字符串转换函数。常用的字符串转换函数如表 1.5-1 所示。

表 1.5-1 常用字符串转换函数

函 数 名	函 数 功 能
abs	字符串到 ASCII 转换
dec2hex	十进制数到十六进制字符串转换
mat2str	数值矩阵转换成字符串矩阵
hex2dec	十六进制字符串转换成十进制数
hex2num	十六进制字符串转换成 IEEE 浮点数
int2str	整数转换成字符串
lower	字符串转换成小写
num2str	数字转换成字符串
setstr	ASCII 转换成字符串
sprintf	用格式控制,数字转换成字符串
sscanf	用格式控制,字符串转换成数字
str2mat	字符串转换成一个文本矩阵
str2num	字符串转换成数字
upper	字符串转换成大写

在许多情况下,希望把一个数值嵌入到字符串中,用几个字符串转换则可完成这个任务,指令如下:

```
>> rad=2.5; area=pi*rad^2;
>> t=['A circle of radius ' num2str(rad) ' has an area of ' num2str(area) '.'];
>> disp(t)
A circle of radius 2.5 has an area of 19.63.
```

这里函数 num2str 用来把数值转换成字符串,字符串连接用来把所转换的数嵌入到一个字符串句子中。按类似方式,函数 int2str 可将整数转换成字符串。

例 1.5-2 函数 str2mat 可将一列的几个字符串转换成一个字符串矩阵。

解 Matlab 程序如下:

```
>> a='one'; b='two'; c='three';
>> disp(str2mat(a, b, c, 'four'))
one
two
three
four
```

尽管从上面看不明显,上面的每行有同样数目的元素。较短行用空格补齐,使结果形成一个有效的矩阵。

在逆方向转换中,有时是很方便的,指令如下:

```
>> s='[1 2; pi 4]'        % a string of a Matlab matrix
s =
[1 2; pi 4]
>> str2num(s)
```

```
ans =
    1.0000    2.0000
    3.1416    4.0000
```

函数 str2num 不能接受用户定义的变量,也不能执行转换过程的算术运算。更多的信息,请参考在线帮助。

1.5.3 字符串函数

Matlab 提供了大量的常用字符串函数,如表 1.5-2 所示。

表 1.5-2 常用字符串函数

函 数 名	说　明
eval(string)	作为一个 Matlab 命令求字符串的值
strcat(string1,string2,…)	字符串合并
blanks(n)	返回一个 n 个零或空格的字符串
deblank	去掉字符串中后拖的空格
feval	求由字符串给定的函数值
findstr	从一个字符串内找出字符串
isletter	字母存在时返回真值
isspace	空格字符存在时返回真值
isstr	输入是一个字符串,返回真值
lasterr	返回上一个所产生 Matlab 错误的字符串
strcmp	字符串相同,返回真值
strrep	用一个字符串替换另一个字符串
strtok	在一个字符串里找出第一个标记

表 1.5-2 中第一个函数 eval 给 Matlab 提供宏的能力。该函数提供了将用户创建的函数名传给其他函数的能力,以便求值。

例 1.5-3　函数 eval 的应用。

解　Matlab 程序如下:

```
>> a=eval('sqrt(2)')
a =
    1.4142
>> eval('a=sqrt(2)')
a =
    1.4142
```

例 1.5-3 演示了函数 eval。显然,它们不是计算 2 的平方根的最简单方法。当被求值的字符串由子字符串连接而成,或者将字符串传给一个函数以求值时,函数 eval 非常有用。

例 1.5-4　函数 eval 与 mat2str 的组合应用。

解　Matlab 程序如下:

```
>>rand('state',0);B=rand(2,4)
B =
    0.9501    0.6068    0.8913    0.4565
    0.2311    0.4860    0.7621    0.0185
>>B_str=mat2str(B,4)
B_str =
[0.9501 0.6068 0.8913 0.4565;0.2311 0.486 0.7621 0.0185]
>>Expression=['exp(-',B_str,')'];
>>eval(Expression)
ans =
    0.3867    0.5451    0.4101    0.6335
    0.7937    0.6151    0.4667    0.9817
```

例 1.5-5 在 Matlab 计算生成的图形上标出图名和最大值点坐标。

解 Matlab 程序如下：

```
% 图形上标出图名和最大值点坐标    e1_5_1.m
a=2;w=3;
t=0:0.01:5;
y=exp(-a*t).*sin(w*t);
[y_max,i_max]=max(y);
t_text=['t=',num2str(t(i_max))];
y_text=['y=',num2str(y_max)];
max_text=char('maximum',t_text,y_text);
tit=['y=exp(-',num2str(a),'t)*sin(',num2str(w),'t)'];
plot(t,zeros(size(t)),'k');
hold on
plot(t,y,'LineWidth',2);
plot(t(i_max),y_max,'r.','MarkerSize',20);
text(t(i_max)+0.3,y_max+0.05,max_text);
title(tit),xlabel('t(sec)'),ylabel('y(t)'),hold off
```

程序运行后显示波形如图 1.5-1 所示。

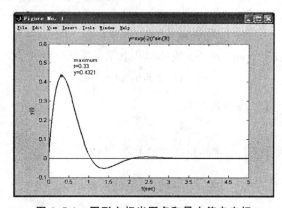

图 1.5-1 图形上标出图名和最大值点坐标

1.6 符号计算功能

Matlab 的符号数学工具箱与其他工具箱不同,它适用广泛,而不只是针对一些特殊专业或专业分支。另外,Matlab 符号数学工具箱与其他的工具箱区别还因为它使用字符串来进行符号分析,而不是基于数组的数值分析。

符号数学工具箱是操作和解决符号表达式的符号数学工具箱(函数)集合,有复合、简化、微分、积分以及求解代数方程和微分方程的工具。另外还有一些用于线性代数的工具,如求解逆、行列式的精确结果,找出符号矩阵的特征值而不会因数值计算引入误差。工具箱还支持可变精度运算,即支持符号计算并能以指定的精度返回结果。

符号数学工具箱中的工具是建立在功能强大的称为 Maple 软件的基础上的。它最初是由加拿大滑铁卢(Waterloo)大学开发的。当要进行符号运算时,它就请求 Maple 去计算并将结果返回到 Matlab 命令窗口。因此,Matlab 的符号运算是 Matlab 处理数字的自然扩展。

1.6.1 定义符号变量或表达式

符号表达式是代表数字、函数、算子和变量的 Matlab 字符串,或字符串数组。不要求变量有预先确定的值,符号方程式是含有等号的符号表达式。符号算术是使用已知的规则和给定符号恒等式求解这些符号方程的实践,它与代数和微积分所学到的求解方法完全一样。符号矩阵是数组,其元素是符号表达式。

在进行符号运算之前必须定义符号变量,并创建符号表达式。定义符号变量的格式为

$$\text{syms 变量名}$$

其中,各个变量名须用空格隔开。如

$$\text{syms y t x}$$

定义符号表达式的格式为

$$\text{sym('表达式')}$$

如要定义表达式 $x+\sin(x)+1$ 为符号表达式,则命令格式为

$$\text{sym('x+sin(x)+1')}$$

例 1.6-1 两个符号表达式相加。

```
>> syms a b
>> f1=1/(a+1);f2=2*a/(a+b);f=f1+f2
f =
1/(a+1)+2*a/(a+b)
```

Matlab 符号运算可以有多种计算方法,如

```
>> diff('cos(x)')              % 对 cos(x) 求导
ans =
    -sin(x)
>> M=sym('[a,b;c,d]')           % 建立符号矩阵 M
M =
    [a,b]
    [c,d]
>> determ(M)                    % 求符号矩阵 M 的行列式
ans =
    a*d-b*c
```

请注意,上面对 $\cos(x)$ 求导的符号表达式是用单引号以隐含方式定义的。它告诉 Matlab "cos(x)" 是一个字符串,并说明 diff('cos(x)') 是一个符号表达式而不是数字表达式;然而在建立符号矩阵 **M** 时,用函数 sym 显式地告诉 Matlab M=sym('[a,b;c,d]') 是一符号表达式。在 Matlab 可以自己确定变量类型的场合下,通常不要求显式函数 sym。然而,很多时候 sym 是必要的。在上述的第二种用法中,Matlab 在内部把符号表达式表示成字符串,以便与数字变量或运算相区别;否则,这些符号表达式几乎完全与基本的 Matlab 命令相同。表 1.6-1 所示为符号表达式例子以及 Matlab 等效表达式。

表 1.6-1   符号表达式例子以及 Matlab 等效表达式

符号表达式	Matlab 表达式
$\dfrac{1}{2x^n}$	'1/(2*x^n)'
$y=\dfrac{1}{\sqrt{2x}}$	y='1/sqrt(2*x)'
$\cos(x^2)-\sin(2x)$	'cos(x^2)-sin(2*x)'
$M=\begin{bmatrix}a & b \\ c & d\end{bmatrix}$	M=sym('[a,b;c,d]')
$\int_a^b \dfrac{x^3}{\sqrt{1-x}}\,dx$	f=int('x^3/sqrt(1-x)','a','b')

1.6.2 符号转换函数

本节提出许多工具,将符号表达式变换成数值或反之。有极少数的符号函数可返回数值。然而请注意,如果某数字是函数许多参量中的一个,则某些符号函数能自动地将该数字变换成它的符号表达式。

1. 符号变量与数值变量的转换

函数 sym 可获取一个数字参量并将其转换为符号表达式。函数 numneric 与 double 的功能正好相反,它把一个符号常数(无变量符号表达式)变换为一个数值。

指令如下:

```
>> phi=sym('(1+sqrt(5))/2')
phi=
    (1+sqrt(5))/2
>> phi1=numeric(phi),phi2=double(phi)        % 转换成数值
phi1 =
    1.6180
phi2 =
    1.6180
```

函数 eval 将字符串传给 Matlab 以便计算。所以 eval 是另一个可用于把符号常数变换为数字或计算表达式的函数。指令如下:

```
>> eval(phi)
ans=
    1.6180
```

正如所期望那样,numeric 和 eval 返回相同数值。

2. 符号对象与多项式的转换

符号函数 sym2poly 将符号多项式变换成它的 Matlab 等价系数向量。函数 poly2syrn 功能正好相反,并让用户指定用于所得结果表达式中的变量。指令如下:

```
>> f='2*x^2+x^3-3*x+5'
f=
    2*x^2+x^3-3*x+5
>> n=sym2poly(f)
n=
    1    2    -3    5
>> poly2sym(n)
ans=
    2*x^2+x^3-3*x+5
>> poly2sym(n,'s')
ans=
    s^3+2*s^2-3*s+5
```

3. 符号对象与字符串的转换

函数 char 将符号对象转换成字符串。如

```
>> f=sym('5+sin(x)+exp(y)'),s=char(f),whos f s
f =
5+sin(x)+exp(y)
s =
5+sin(x)+exp(y)
  Name      Size           Bytes  Class
```

```
    f         1x1                154 sym object
    s         1x15                30 char array
Grand total is 31 elements using 184 bytes
```

4. 变量替换

假设有一个以 x 为变量的符号表达式,并希望将变量转换为 y。Matlab 提供一个工具称为 subs,以便在符号表达式中进行变量替换。其格式为 subs(new),其中 f 是符号表达式,new 和 old 是字符、字符串或其他符号表达式。"new"字符串将代替表达式 f 中各个"old"字符串。如

```
>> f=sym('a*x^2+b*x+c')
f =
a*x^2+b*x+c
>> subs(f,'x','a')
ans =
a*(s)^2+b*(s)+c
>> g=sym('3*x^2+5*x-4')
g =
3*x^2+5*x-4
>> h=subs(g,'x',2)
h =
    18
```

最后一条指令表明 subs 如何进行替换,并力图简化表达式。因为替换结果是一个符号常数,Matlab 可以将其简化为一个符号值。注意,因为 subs 是一个符号函数,所以它返回一个符号表达式。尽管看似数字,实质上是一个符号常数。为了得到数字,通常需要使用函数 numeric 或 eval 来转换字符串。

1.6.3 微分和积分

微分和积分是微积分学研究和应用的核心,并广泛地应用在许多工程学科。Matlab 符号工具能帮助解决许多这类问题。

1. 微分

例 1.6-2 利用函数 diff 实现符号表达式的微分。

解 Matlab 程序如下:

```
% 用符号计算微分        e1_6_1.m
f=sym('[exp(y^2)*sin(a*x+2),log(x/a+t)]');
dfdx=diff(f);                  % 计算 df/dx
d2fdx=diff(f,2);               % 计算 f(x)的二阶导数
dfdy=diff(f,'y');              % 计算 df/dy
dfda=diff(f,'a',1);            % 计算 df/da
dfdxdy=diff(diff(f,'x'),'y');  % 计算 f 对 x 和 y 的偏导数
```

程序运行后显示结果为

```
dfdx =
   [ exp(y^2)*cos(a*x+2)*a,          1/a/(x/a+t)]
d2fdx =
   [ -exp(y^2)*sin(a*x+2)*a^2,       -1/a^2/(x/a+t)^2]
dfdy =
   [ 2*y*exp(y^2)*sin(a*x+2),                      0]
dfda =
   [ exp(y^2)*cos(a*x+2)*x,          -x/a^2/(x/a+t)]
dfdxdy =
   [ 2*y*exp(y^2)*cos(a*x+2)*a,                    0]
```

注意函数 diff 也用在 Matlab 计算数值向量或矩阵的数值差分中。

2. 积分

积分函数 int(f),其中 f 是一符号表达式,它力图求出另一符号表达式 F 使 diff(F)=f。

例 1.6-3 计算下列积分。

$$a = \int \frac{1}{x(ax+b)^2}dx; \qquad b = \int (x^5 - ax^2 + \sqrt{x}/2)dx;$$

$$c = \int_0^1 dx \int_x^{\sqrt[3]{x}} e^{y^2/2} dy; \qquad Si(x) = \int_0^x \frac{\sin t}{t} dt \quad (x = [1, e^2])。$$

解 Matlab 程序如下:

```
% 用符号计算积分       e1_6_3.m
syms x y k a b real;
I=int(1/(x*(a*x+b)^2))
f=x^5-a*x^2+sqrt(x)/2;b=int(f)
c=int(int(exp(y^2/2),x,x^(1/3)),0,1),c=vpa(c,20)
Six=sinint([1 exp(2)])
```

程序运行后显示结果为

```
I =
  1/b^2*log(x)-1/b^2*log(a*x+b)+1/b/(a*x+b)
b =
1/6*x^6-1/3*a*x^3+1/3*x^(3/2)
c =
2*exp(1/2)-3
c =
.2974425414002562936
Six =
    0.9461    1.4970
```

同微分一样，积分函数有多种形式。形式 int(f) 相对于缺省的独立变量求逆导数；形式(f,′s′)相对于符号变量 s 积分；形式 int(f,a,b)和 int(f,′s′,a,b)，其中 a,b 是数值，求解符号表达式从 a 到 b 的定积分；形式 int(f,′m′,′n′)和形式 int(f,′s′, ′m′,′n′)，其中 m,n 是符号变量，求解符号表达式从 m 到 n 的定积分。

1.6.4 求极限

用 Matlab 可实现求极限运算，其调用格式为

limit(P)	表达式 P 中自变量趋于零时的极限。
limit(P,a)	表达式 P 中自变量趋于 a 时的极限。
limit(P,x,a,′left′)	表达式 P 中自变量 x 趋于 a 时的左极限。
limit(P,x,a,′right′)	表达式 P 中自变量 x 趋于 a 时的右极限。

例 1.6-4 用 Matlab 计算极限。

```
>>P=sym('sin(x)/x');
>>limit(P)
ans =
 1
>>P=sym('1/x');
>>limit(P,x,0,'right')
ans =
  inf
>>P=sym('(sin(x+h)-sin(x))/h');h=sym('h');
>>limit(P,h,0)
ans =
   cos(x)
>>v=sym('[(1+a/x)^x,exp(-x)]');
>>limit(v,x,inf,'left') 得
 ans =
 [ exp(a), 0]
```

1.6.5 符号表达式画图

在许多的场合，将表达式可视化是有利的。Matlab 提供函数 ezplot 来完成该任务。其调用格式为

ezplot(f)	对符号表达式 f(x)画图，默认 $-2\pi < x < 2\pi$。
ezplot(f,[a,b])	对符号表达式 f(x)画图，取 a<x<b。
ezplot(f)	对符号表达式 f(x,y)=0 画图，默认 $-2\pi < x < 2\pi$, $-2\pi < y < 2\pi$。
ezplot(f,[xmin,xmax,ymin,ymax])	对符号表达式 f(x,y)=0 画图，取 xmin<x<xmax,ymin<y<ymax。

例 1.6-5 已知函数 $f(x) = \dfrac{1}{5+\cos x}$，用 ezplot 函数画出 $f(x)$ 和 $f'(x)$ 的波形。

```
>> f=sym('1/(5+4*cos(x))');
>> ezplot(f)
>> df=diff(f);ezplot(df,[-3*pi,3*pi])
```

显示 $f(x)$、$f'(x)$ 的波形分别如图 1.6-1、图 1.6-2 所示。

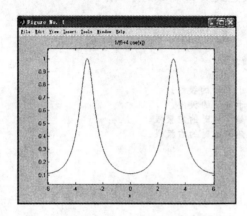

图 1.6-1 $f(x)$ 的波形

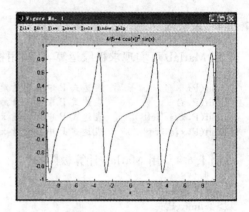

图 1.6-2 $f'(x)$ 的波形

1.6.6 符号表达式化简

符号表达式可用许多等价形式来提供。在不同的场合,某种形式可能优于另一种。Matlab 用许多命令来简化或改变符号表达式,如

```
>> f=sym('(x^2-1)*(x-2)*(x-3)')        % create a function
f=
(x^2-1)*(x-2)*(x-3)
>> collect(f)                          % collect all like terms
ans=
x^4-5*x^3+5*x^2+5*x-6
>> factor(ans)                         % express as a product of polynomials
ans=
(x-1)*(x-2)*(x-3)*(x+1)
>> expand(f)                           % distribute products over sums
ans=
x^4-5*x^3+5*x^2+5*x-6
```

simplify 是功能强大、通用的工具。它利用各种类型代数恒等式,包括求和、积分、分数幂、三角、指数和 log 函数、Bessel 函数、超几何函数、γ 函数来简化表达式,如

```
>> simplify(sym('log(2*x/y)'))
ans =
log(2)+log(x/y)
>> simplify(sym('sin(x)^2+3*x+cos(x)^2-5'))
ans =
```

```
-4+3*x
>> simplify(sym('(-a^2+1)/(1-a)'))
ans =
a+1
```

其中最后一个函数是最有用的,但也是最不正统的。函数 simple 试用了几种不同的简化工具,然后选择在结果表达式中含有最少字符的那种形式。

例 1.6-6 试简化立方根

$$f=\sqrt[3]{\frac{1}{x^3}+\frac{6}{x^2}+\frac{12}{x}+8}$$

```
>> syms x,f=(1/x^3+6/x^2+12/x+8)^(1/3)
f =
(1/x^3+6/x^2+12/x+8)^(1/3)
>> f1 = simple(f)
f1 =
(2*x+1)/x
>> f1 = simple(f1)
f1 =
2+1/x
```

正如所见,simple 试用了几种可简化表达式的方式,并让读者看到每一个尝试的结果。有时,它多次使用函数 simple 并对第一次的结果做不同的简化操作,如上所作。simple 对于含有三角函数的表达式尤为有用。

1.6.7 可变精度算术运算

因为数值的精度受每次操作所保留的位数的限制,所以数值的任何运算都会引入舍入误差,重复的多次数值运算会造成累积误差。而对符号表达式的运算是非常准确的,因为它们不需要进行数值运算,所以无舍入误差。对符号运算结果用函数 eval 或 numeric 时,仅在结果转换时会引入舍入误差。

Matlab 对数字的处理完全依靠计算机的浮点算术运算,显然在内存中进行运算,又快又好,只是浮点运算受到所支持字长的限制,每次操作会引入舍入误差,所以不能产生精确的结果。Matlab 各个算术运算的相对精度大约是 16 位。而 Maple 的符号处理能力可以实现任何位数的运算。当缺省的位数增加时,每次计算都需要附加时间和计算机内存。

Maple 缺省为 16 位的精度。函数 digits 返回全局 Digits 参数的当前值。Maple 缺省准确度可以由 digits(n) 来改变,其中 n 是所期望的准确度位数。用这种方法增加准确度的副作用是,每个 Maple 函数随后进行的计算都以新的准确度为准,增加了计算时间。结果的显示不会改变,只有所用的 Maple 函数的缺省准确度受到影响。

另外有一个函数,它可以任何精度实行单个计算,而使全局的 Digits 参数不变。即可变精度的算术或函数 vpa,它可以缺省的精度或任何指定的精度对单个符号表达式进行计算,并以同样的精度来显示结果。

例 1.6-7 可变精度的算术运算。

```
>> format long       % let's see all the usual digits
>> pi                % how about π to numeric accuracy
ans =
   3.14159265358979
>> digits            % display the default 'Digits' value
Digits=16
>> vpa('pi')         % how about π to 'Digits' value
ans =
   3.141592653589793
>> digits(18)        % change the default to 18 digits
>> vpa('pi')         % how about π to 'Digits' accuracy
ans =
   3.14159265358979324
>> vpa('pi',20)      % how about π to 20 digits
ans =
   3.1415926535897932385
>> vpa('pi',50)      % how about π to 50 digits
ans =
   3.14159265358979323846264338327950288419716939 93751
```

将函数 vpa 作用于符号矩阵,对它的每一个元素进行计算也同样达到所指定的位数。

```
>> A=sym('[1/4,log(sqrt(2));exp(1),3/7]')
A =
   [1/4,     log(sqrt(2))]
   [exp(1),       3/7]
>> vpa(A,20)   %   evaluate to 20 digits
ans =
   [.25000000000000000000,  .34657359027997265471]
   [2.7182818284590452354,  .42857142857142857143]
```

1.6.8 方程求解

用 Matlab 所具有的符号工具可以求解符号方程。有一些工具已经在前面介绍过,更多的将在本节予以介绍。

1. 求解单个代数方程

在前面已经看到,Matlab 具有求解符号表达式的工具。如果表达式不是一个方程式(不含等号),则在求解之前可用函数 solve 将表达式的值置为 0。

```
>> solve('a*x^2+b*x+c')
ans =
   [1/2/a*(-b+(b^2-4*a*c)^1/2)]
   [1/2/a*(-b-(b^2-4*a*c)^1/2)]
```

结果是符号向量,其元素是方程的两个解。如果想对非缺省 x 变量求解,solve 必须指定变量。

```
>> solve('a*x^2+b*x+c','b')      % solve for b
ans=
  -(a*x^2+c)/x
```

带有等号的符号方程也可以求解。

```
>> f=solve('cos(x)=sin(x)')
f =
1/4*pi
>> eval(f)
ans =
    0.7854
```

注意在求解周期函数方程时,有无穷多的解。在这种情况下,solve 对解的搜索范围限制在接近于零的有限范围,并返回非唯一的解的子集。

如果不能求得符号解,就计算可变精度解。

```
>> x=solve('exp(x)=tan(x)')
x =
1.3063269404230792361743566584407
```

2. 求解代数方程组

符号代数方程组同样可以用"\"来求解。此外,solve 函数能解一般的线性、非线性或超越代数方程组。语句 solve(s1,s2,…,sn)对缺省变量求解 n 个方程,语句 solve(s1,s2,…,sn,'v1,v2,…,vn')对 n 个'v1,v2,…,vn'的未知数求解 n 个方程。

例 1.6-8 计算方程组:$au^2+v^2=0, u-v=1$。求关于 (u,v) 和关于 (a,u) 的解。

```
>> [u v]=solve('a*u^2+v^2','u-v=1')
u =
[ 1/2/(a+1)*(-2*a+2*(-a)^(1/2))+1]
[ 1/2/(a+1)*(-2*a-2*(-a)^(1/2))+1]
v =
```

```
[1/2/(a+1)*(-2*a+2*(-a)^(1/2))]
[1/2/(a+1)*(-2*a-2*(-a)^(1/2))]
>> [a u]=solve('a*u^2+v^2','u-v=1','a,u')
a =
-v^2/(v^2+2*v+1)
u =
v+1
```

3. 求解单个微分方程

常微分方程有时很难求解，Matlab 提供了功能强大的工具，可以帮助求解微分方程。函数 dsovle 可计算常微分方程的符号解。而要求解微分方程，就需要用一种方法将微分包含在表达式中。所以，dsovle 句法与大多数其他函数有一些不同，用字母 D 来表示求微分，D2,D3 等表示重复求微分，并以此来设定方程。任何 D 后所跟的字母为因变量。方程 $d^2y/dx^2=0$ 用符号表达式 D2y=0 来表示。独立变量可以指定或由 symvar 规则选定为缺省。例如，一阶方程 $dy/dx=1+y^2$ 的通解和已知初始条件的特解为

```
>> ag=dsolve('Dy=1+y^2'),as=dsolve('Dy=1+y^2','y(0)=1')
ag =
tan(t+C1)
as =
tan(t+1/4*pi)
```

独立变量可用如下形式指定：

```
>> dsolve('Dy=1+y^2','y(0)=1','v')
ans =
  tan(v+1/4*pi)
```

例 1.6-9 计算二阶微分方程，该方程的通解和有两个初始条件的解。

```
>> y=dsolve('D2y=cos(2*x)-y','x'); y=simple(y)
y =
-1/3*cos(2*x)+C1*cos(x)+C2*sin(x)
>> y=dsolve('D2y=cos(2*x)-y','y(0)=1','Dy(0)=0','x');y=simple(y)
y =
-1/3*cos(2*x)+4/3*cos(x)
```

4. 求解常微分方程组

函数 dsolve 也可同时处理若干个微分方程式，下面有两个线性一阶方程：

$$\frac{dy}{dx}=3f+4g, \quad \frac{dg}{dx}=-4f+3g.$$

其通解为

```
>> [f,g]=dsolve('Df=3*f+4*g','Dg=-4*f+3*g')
f =
exp(3*t)*(cos(4*t)*C1+sin(4*t)*C2)
g =
-exp(3*t)*(sin(4*t)*C1-cos(4*t)*C2)
>> [f,g]=dsolve('Df=3*f+4*g','Dg=-4*f+3*g','f(0)=0','g(0)=1')
f =
exp(3*t)*sin(4*t)
g =
exp(3*t)*cos(4*t)
```

1.6.9 积分变换

积分变换主要指傅里叶变换、拉普拉斯变换和 Z 变换,是信号分析和处理中的重要计算工具。符号工具箱中有相应的函数来计算这些积分变换及其逆变换。

例 1.6-10 分别计算 e^{-x^2} 的傅里叶变换;t^5 的拉普拉斯变换;$x^k/k!$ 的 Z 变换。

解 Matlab 程序如下:

```
% 积分变换举例    e1_6_3.m
syms x t s k z
F=fourier(exp(-x^2)),f=simple(ifourier(F))
L=laplace(t^5),l=ilaplace(L)
Z=ztrans(x^k/'k!',k,z),z=iztrans(Z,k)
```

程序运行后在命令窗口显示结果为

```
F =
pi^(1/2)*exp(-1/4*w^2)
f =
exp(-x^2)
L =
120/s^6
l =
t^5
Z =
exp(1/z*x)
z =
x^k/k!
```

1.6.10 符号函数计算器

符号工具箱提供图形化的函数计算器 Fun Tool。在命令窗口输入>>funtool,就会出现如图 1.6-3 所示的图形。从图中可知,此函数计算器可画两幅图,并可对图形进行求导、积分、化简、加减乘除等运算。

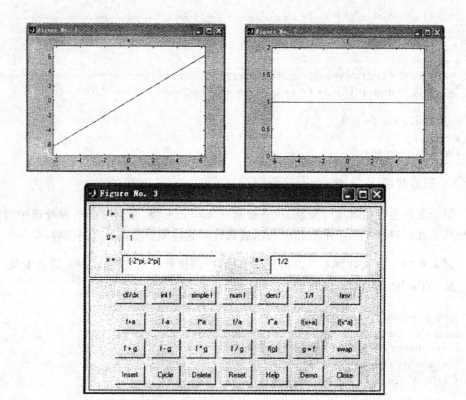

图 1.6-3 符号函数计算器

1.7 流程控制

计算机编程语言和可编程计算器提供许多功能,其中,它允许用户中途改变执行次序,称为流程控制。

流程控制极其重要,因为它使过去的计算影响将来的运算。Matlab 提供四种流程控制的语言结构。它们是:For 循环,While 循环和 If-Else-End 结构和 swiitch-case 结构。由于这些结构经常包含大量的 Matlab 命令,故经常出现在 M 文件中,而不是直接加在 Matlab 提示符下。

1.7.1 For 循环

For 循环允许一组命令以固定的和预定的次数重复。For 循环的一般形式为

```
for x = array
   {commands}
end
```

在 for 和 end 语句之间的{commands}按数组中的每一列执行一次。在每一次迭代中,x 被指定为数组的下一列,即在第 n 次循环中,x=array(:,n)。

例 1.7-1 For 循环的应用

```
>> for n=1:10
     x(n)=sin(n*pi/10);
   end
>> x
x =
  Columns 1 through 7
    0.3090  0.5878  0.8090  0.9511  1.0000  0.9511  0.8090
  Columns 8 through 10
    0.5878  0.3090  0.0000
```

第一条语句的含义为:对 n 等于 1 到 10,执行所有后续语句直至第一个 end 语句。第一次通过 For 循环 n=1,第二次,n=2,如此继续,直至 n=10。在 n=10 以后,For 循环结束,然后求 end 语句后面的任何命令值,在这种情况下显示所计算的 x 的元素。

For 循环的其他重要内容如下。

(1) For 循环不能在 For 循环内重新赋值循环变量 n 来终止。

```
>> for n=1:10
     x(n)=sin(n*pi/10);
     n=10;
   end
>> x
x =
  Columns 1 through 7
    0.3090  0.5878  0.8090  0.9511  1.0000  0.9511  0.8090
  Columns 8 through 10
    0.5878  0.3090  0.0000
```

(2) For 循环可按需要嵌套。

```
for n=1:5
  for m=5:-1:1
    A(n,m)=n^2+m^2;
  end
end
>> A
A =
     2    5   10   17   26
     5    8   13   20   29
    10   13   18   25   34
    17   20   25   32   41
    26   29   34   41   50
```

(3) 当有一个等效的数组方法来解给定的问题时,应避免用 For 循环。例如,上面的第一个例子可被重写成如下形式。

```
>> n=1:10;
>> x=sin(n*pi/10)
x =
  Columns 1 through 7
    0.3090    0.5878    0.8090    0.9511    1.0000    0.9511    0.8090
  Columns 8 through 10
    0.5878    0.3090    0.0000
```

两种方法得出同样的结果,而后者执行更快,更直观,要求较少的输入。

(4) 为了得到最大的速度,在 For 循环(While 循环)被执行之前,应预先分配数组。

1.7.2 While 循环

与 For 循环以固定次数求一组命令的值相反,While 循环以不定的次数求一组语句的值。While 循环的一般形式为

```
while expression
    {commands}
end
```

只要在表达式里的所有元素为真,就执行 while 和 end 语句之间的{commands}。通常,表达式的求值给出一个标量值,但数组值也同样有效。在数组情况下,所得到数组的所有元素必须都为真。

例 1.7-2 While 的应用。

```
>> num=0;EPS=1;
>> while (1+EPS)>1
     EPS=EPS/2;
     num=num+1;
   end
>> num
num =
   53
```

这个例子表明计算特殊 Matlab 值 eps 的一种方法,它是一个可加到 1,而使结果以有限精度大于 1 的最小数值。这里用大写 EPS,因此 Matlab 的 eps 的值不会被覆盖掉。在这个例子里,EPS 以 1 开始。只要(1+EPS)>1 为真(非零),就一直求 While 循环内的命令值。由于 EPS 不断地被 2 除,EPS 逐渐变小以致于 EPS+1 不大于 1(记住,发生这种情况是因为计算机使用固定数的数值来表示数。Matlab 用 16 位,因此,我们只能期望 EPS 接近 10^{-16})。在这一点上,(1+EPS)>1 是假(零),于是 While 循环结束。

1.7.3 IF-ELSE-END 结构

很多情况下,命令的序列必须根据关系的检验有条件地执行。在编程语言里,这种逻辑由某种 If-Else-End 结构来提供。最简单的 If-Else-End 结构为

```
if expression
    {commands}
end
```

如果在表达式中的所有元素为真(非零),那么就执行 if 和 end 语言之间的 {commands}。在表达式中包含有几个逻辑子表达式时,即使前一个子表达式决定了表达式的最后逻辑状态,仍要计算所有的子表达式。

假如有两个选择,If-Else-End 结构为

```
if expression
   commands evaluated if True
else
   commands evaluated if False
end
```

在这里,如果表达式为真,则执行第一组命令;如果表达式是假,则执行第二组命令。

当有三个或更多的选择时,If-Else-End 结构采用如下的形式。

```
if expression1
   commands evaluated if expression1 is True
elseif expression2
   commands evaluated if expression2 is True
elseif expression3
   ⋮
else
   commands evaluated if no other expression is True
end
```

1.7.4 Switch-case 结构

Switch-case 结构是一种多分支的语句,也称开关语句,结构为

```
switch expression
    case expression1
        {commands 1}
    case expression2
        {commands 2}
    ………
    Otherwise
        {commands N}
end
```

2 连续信号和系统的时域分析

本章主要介绍连续信号和系统的时域分析的 Matlab 实现方法。Matlab 不仅有强大的计算功能,而且还有很强的绘图功能,最适用于信号的产生及各种运算。另外,Matlab 的数值计算功能和符号计算功能都可用于系统分析。通过实验进一步学习 Matlab 软件,可加深对连续信号和系统的时域分析方法的认识。

2.1 实验1 连续信号的绘制

2.1.1 实验目的

1. 掌握用 Matlab 绘制波形图的方法,学会常见波形的绘制。
2. 掌握用 Matlab 编写函数的方法。
3. 通过对周期信号和非周期信号的观察,加深对周期信号的理解。

2.1.2 实验原理与计算示例

1. 绘制波形图的基本函数

Matlab 是一种基于矩阵和数组的编程语言,它将所有的变量都看成矩阵。它不仅有强大的计算功能,还有各种各样的画图功能。

这里主要介绍信号与系统分析中常用的几个 Matlab 函数,包括 Matlab 提供的内部函数和自定义函数。

我们可以在命令窗口中每次执行一条 Matlab 语句;或者生成一个程序,存为 M 文件,供以后执行;或是生成一个函数,在命令窗口中执行。下面先介绍几个基本函数。

1) 单位阶跃函数

M 文件名:u.m。

```
% 单位阶跃函数(连续或离散)
% 调用格式    y=u(t)    产生单位阶跃函数
function y=u(t)
y=(t>=0)
```

2) 门函数

M 文件名:rectpuls.m,是 Matlab 的内部函数。

调用格式　　y=rectpuls(t) 产生高度为1,宽度为1的门函数
调用格式　　y=rectpuls(t,W) 产生高度为1,宽度为W的门函数

3) 三角脉冲函数

M 文件名:tripuls.m,是 Matlab 的内部函数。

调用格式　y=tripuls(t)　　产生高度为1,宽度为1的三角脉冲函数
调用格式　y=tripuls(t,w)　产生高度为1,宽度为w的三角脉冲函数
调用格式　y=tripuls(t,w,s)　产生高度为1,宽度为w的三角脉冲函数,$-1<s<1$。
　　　　　　　　　　　　当s=0时,为对称三角形;当s=-1时,为三角形顶点左边。

4) 抽样函数

M 文件名:Sa.m。

```
% 抽样函数(连续或离散)
% 高度为1
% 调用格式   y=Sa(t),产生高度为1,第一个过零点为π
function f=Sa(t)
f=sinc(t./pi);            % sinc(t)=sin(πt)/(πt)是 Matlab 内部函数
```

5) 符号函数

M 文件名:sign.m 是 Matlab 的内部函数。

6) 周期方波

M 文件名:square.m,是 Matlab 的内部函数。

调用格式　y=square(w0*t)　产生基频为 w0(周期 $T=2\pi/w0$)的周期方波,占空比为50%
调用格式　y=square(w0*t,DUTY)　占空比 DUTY=$\tau/T*100$,τ为一个周期中信号为正的
　　　　　　　　　　　　　　时间长度

7) 周期锯齿波或三角波

M 文件名:sawtooth.m,是 Matlab 的内部函数。

调用格式　y=sawtooth(w0*t)产生基频为 w0(周期 $T=2\pi/w0$)的周期锯齿波,为正斜率锯

齿波。

调用格式　y=sawtooth(w0*t,WIDTH)　　当参数 WIDTH=0.5 时,产生周期三角波;当 WIDTH=0 时,产生斜率为负的周期锯齿波

例 2.1-1　画出下列信号的波形图。
(a) 正弦信号 $\sin(0.5\pi t)$;(b) 门函数 $G_2(t)$;(c) 随机信号;
(d) 离散信号 $\cos(0.1\pi k), k=0,\pm 1,\pm 2,\cdots$;
(e) 周期 $T=10$ s 的周期锯齿波信号;
(f) 指数衰减的余弦信号 $2e^{-t/6}\cos\pi t$。

解　用 Matlab 计算的程序如下:

```
% 画正弦信号的程序   e2_1_1.m
t0=-2*pi;t1=2*pi;dt=0.02;
t=t0:dt:t1;
f=sin(pi/2*t);
max_f=max(f);
min_f=min(f);
plot(t,f,'linewidth',2);
grid;line([t0 t1],[0 0]);
axis([t0,t1,min_f-0.2,max_f+0.2])
xlabel('t(sec)'),title('正弦信号的波形')
```

运行程序后显示的图形如图 2.1-1 所示。

```
% 画门函数的程序   e2_1_2.m
t0=-3;t1=3;dt=0.02;
t=t0:dt:t1;
f=rectpuls(t,2);
max_f=max(f);
min_f=min(f);
plot(t,f,'linewidth',2);
grid;line([t0 t1],[0 0]);
axis([t0,t1,min_f-0.2,max_f+0.2]),
xlabel('t(sec)'),title('门函数的波形')
```

运行程序后显示的图形如图 2.1-2 所示。

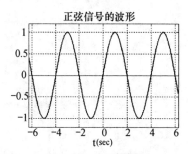

图 2.1-1　正弦信号

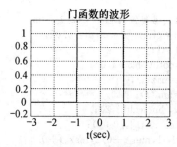

图 2.1-2　门函数的波形

```
% 画随机信号的程序   e2_1_3.m
t0=-8;t1=8;dt=0.15;
t=t0:dt:t1;
f=randn(1,length(t));
max_f=max(f);
min_f=min(f);
plot(t,f,'linewidth',2);
grid;line([t0 t1],[0 0]);
axis([t0,t1,min_f-0.2,max_f+0.2])
xlabel('t(sec)'),title('随机信号的波形')
```

运行程序后显示的图形如图 2.1-3 所示。

```
% 画离散余弦信号的程序   e2_1_4.m
n0=-20;n1=20;
n=n0:n1;
f=cos(pi*n/10);
max_f=max(f);
min_f=min(f);
stem(n,f,'.');
axis([n0,n1,min_f-0.2,max_f+0.2])
xlabel('k'),title('离散余弦信号的波形')
```

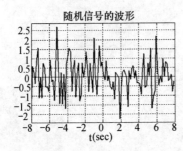

图 2.1-3 随机信号

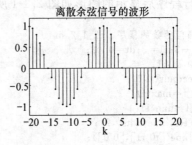

图 2.1-4 离散余弦信号

运行程序后显示的图形如图 2.1-4 所示。

```
% 画周期锯齿波的程序   e2_1_5.m
t0=-6*pi;t1=6*pi;dt=0.05;
t=t0:dt:t1;
f=sawtooth(pi/5*t,0);
max_f=max(f);
min_f=min(f);
plot(t,f,'linewidth',2);
grid;line([t0 t1],[0 0]);
axis([t0,t1,min_f-0.2,max_f+0.2])
xlabel('t(sec)'),title('周期锯齿波的波形')
```

运行程序后显示的图形如图 2.1-5 所示。

```
% 画指数衰减余弦信号的程序   e2_1_6.m
t0=-4*pi;t1=2*pi;dt=0.01;
t=t0:dt:t1;
f1=2*exp(-t/6).*cos(pi*t);
f2=2*exp(-t/6);
f3=-2*exp(-t/6);
max_f=max(f1);
min_f=min(f1);
plot(t,f1,'linewidth',2);
hold on;
plot(t,f2,':');
hold on;
plot(t,f3,':');
line([t0 t1],[0 0]);
line([0 0],[min_f-0.5 max_f+0.2]);
axis([t0,t1,min_f-0.5,max_f+0.2])
xlabel('t(sec)')
hold off
gtext('2e^{-t/6}cos(\pi t)')
title('指数衰减余弦信号的波形')
```

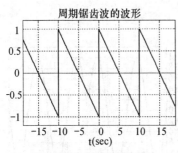

图 2.1-5　周期锯齿波

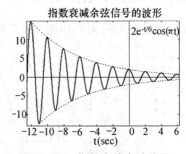

图 2.1-6　指数衰减余弦信号

程序运行后显示的图形如图 2.1-6 所示。

例 2.1-2　画出下列信号的波形图。

(a) $f_1(t) = t\varepsilon(t) - \sum_{i=1}^{\infty}\varepsilon(t-i)$;　　(b) $f_2(t) = \sin[\pi t \operatorname{sgn}(t)]$;

(c) $f_3(t) = (1-0.5|t|)G_4(t)$;　　(d) $f_4(t) = Sa(t/5-1)$.

解　为了方便画图，可以编写一个通用的画波形的函数，这样每次画图时调用该函数就可以了。将函数命名为 myplot.m，其 Matlab 程序如下：

```
function myplot(x,y)    % x 为横坐标数组,y 为纵坐标数组
x0=x(1);xe=x(end);
max_y=max(y);min_y=min(y);dy=(max_y-min_y)/10;
```

plot(x,y,'linewidth',2);grid;
axis([x0,xe,min_y−dy,max_y+dy])
set(gca,'FontSize',8)

Matlab 的画图程序如下:

```
% 画波形图的程序    e2_1_7.m
t=linspace(−1,4,300);
f1=t.*u(t)−u(t−1)−u(t−2)−u(t−3)−u(t−4);
figure(1),myplot(t,f1)
ylabel('f1(t)'),xlabel('Time(sec)')
t=linspace(−4,4,300);
f2=sin(pi*t.*sign(t));
figure(2),myplot(t,f2)
ylabel('f2(t)'),xlabel('Time(sec)')
t=linspace(−4,4,300);
f3=(1−0.5*abs(t)).*rectpuls(t,4);
figure(3),myplot(t,f3)
ylabel('f3(t)'),xlabel('Time(sec)')
t=linspace(−18*pi,18*pi,300);
f4=Sa(t/5−1);
figure(4),myplot(t,f4)
ylabel('f4(t)'),xlabel('Time(sec)')
```

程序运行后显示的图形如图 2.1-7 所示。

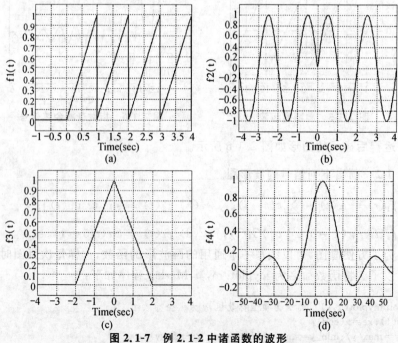

图 2.1-7　例 2.1-2 中诸函数的波形

2. 周期信号的判断

正弦信号是最典型的周期信号,对于任意给定的频率,正弦信号总是周期的。两个或多个正弦信号的和不一定是周期的,这取决于各个正弦信号的周期或频率之间的关系。正弦信号组合后的周期 T 是每个正弦信号完成整数个周期所用的最小持续时间,它由计算各周期的 LCM(最小公倍数)得出。基频 f_0 是 T 的倒数,它等于各频率的 GCD(最大公约数),即它们的周期之比为有理数,或它们的频率是可约的,则它们的和是周期信号。

例 2.1-3 观察下面的信号是否是周期信号。

(a) $f_1(t) = 2\sin\left(\dfrac{2}{3}\pi t\right) + 4\cos\left(\dfrac{1}{2}\pi t\right) + 4\cos\left(\dfrac{1}{3}\pi t - \dfrac{1}{5}\pi\right)$;

(b) $f_2(t) = \sin(t) + 3\cos(\pi t)$。

解 (a) $f_1(t)$ 中每个分量的周期(s)分别是 3、4 和 6。
$f_1(t)$ 的公共周期是 T=LCM(3,4,6)=12 s。所以,$f_1(t)$ 是周期为 T=12 s 的周期信号。

Matlab 程序如下:

```
% 观察周期信号的周期 e2_1_8.m
t=linspace(-13,13,400);
f=2*sin(2/3*pi*t)+4*cos(0.5*pi*t)+4*cos(1/3*pi*t-1/5*pi);
myplot(t,f)
xlabel('Time(sec)')
[x,y]=ginput(2)                    % 返回当前鼠标的位置
text(-9,7,['\bf 周期:T=',num2str(x(2)-x(1)),'sec'])    % 显示周期
```

程序运行后会在图上出现可动的十字,这就是函数 ginput(2) 的作用,移动鼠标使纵线对准波形的最大值时按下左键,再移动鼠标使纵线对准波形的另一最大值时按下左键,周期就显示在图中。其图形如图 2.1-8 所示,显然是周期的,周期 $T \approx 12$ s。

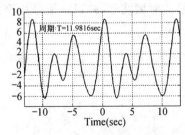
图 2.1-8 观察周期波形

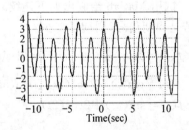
图 2.1-9 观察非周期波形

(b) 由于两个分量的频率 $\omega_1 = 1$ rad/s、$\omega_2 = \pi$ rad/s 的比值是无理数,因此无法找出公共周期。所以 $f_2(t)$ 是非周期的。

Matlab 程序如下：

```
% 观察周期信号的周期 e2_1_9.m
t=linspace(-12,12,400);
f=sin(t)+3*cos(pi*t);
myplot(t,f)
xlabel('Time(sec)')
```

程序运行后的图形如图 2.1-9 所示，显然它不是周期的。

2.1.3 实验内容

1-1 用 Matlab 画出下列信号的波形。

(a) $f_1(t)=\varepsilon(\cos t)$； (b) $f_2(t)=\dfrac{|t|}{2}[\varepsilon(t+2)-\varepsilon(t-2)]$；

(c) $f_3(t)=\sin\pi t[\varepsilon(-t)-\varepsilon(2-t)]$； (d) $f_4(t)=G_2(t)\mathrm{sgn}(t)$；

(e) $f_5(t)=G_6(t)Q_2(t-2)$； (f) $f_6(t)=\varepsilon(2-|t|)\sin(\pi t)$。

1-2 用基本信号画出图 2.1-10 中的信号。

图 2.1-10

1-3 用 Matlab 画出图 2.1-11 所示的信号。其中，$K=10$，$A=5$。

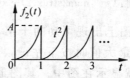

图 2.1-11

1-4 试用 Matlab 绘制出如下连续时间信号的时域波形，并观察信号是否为周期信号。若是周期信号，周期是多少？

(a) $f(t)=3\sin\left(\dfrac{\pi}{2}t\right)+2\sin(\pi t)+\sin(2\pi t)$；

(b) $f(t)=\sin(t)+2\cos(4t)+\sin(5t)$；

(c) $f(t)=\sin(\pi t)+2\cos(2t)$。

2.1.4 实验步骤和方法

1. 学习例 2.1-1 的基本函数波形的画图方法，将程序中的参数如门函数的宽度、频率的大小、三角或锯齿波等形状的变化，以便熟悉这些基本函数的用法。

2. 仿照例 2.1-1 的方法,完成实验 1-1 的编程。上机调试程序,观察并判断波形的正确性。

3. 仿照例 2.1-2 的方法,完成实验 1-2、1-3 的编程。上机调试程序,观察并判断波形的正确性。比较调用自编函数画图的优点。

4. 仿照例 2.1-3 的方法,完成实验 1-4 的编程。上机调试程序,观察并判断信号的周期性,并与理论分析结果进行比较。

2.1.5 预习要点

1. 学习有关 Matlab 的绘画函数的用法。主要绘图函数有:
plot, stem, grid, line, axis, xlabel, ylabel, hold, title, text, gtext, ginput,以及曲线的颜色、线的粗细等。

自编画图函数:myplot。

2. 学习有关基本信号的数学表示法和 Matlab 表示法,如门函数、三角波等。

3. 门函数的若干表示法。

4. 复习有关周期信号的判断方法。几个不同频率的周期信号组合后还是周期信号吗? 如何计算组合后周期信号的周期?

2.1.6 实验报告要求

1. 根据求出的数学表达式编写程序,以及绘出各种波形图。
2. 简述上机调试程序的方法。
3. 根据实验归纳、总结出用 Matlab 绘图的方法。
4. 简述心得体会及其他。
5. 用 Matlab 显示下列表达式均为门函数。

数学表达式	Matlab 表达式
$G_6(t)$	rectpuls(t,6)
$\varepsilon(t)-\varepsilon(t-4)$	u(t)−u(t−4) rectpuls(t−2,4)
$\varepsilon(-t)-\varepsilon(-t-4)$	u(−t)−u(−t−4)
$\varepsilon(-t)-\varepsilon(-t+4)$	u(−t)−u(t+4)
$\varepsilon(2-|t|)$	u(2−abs(t))
$\varepsilon(-t)\varepsilon(t+4)$	u(−t).*u(t+4)

2.2 实验 2 连续信号的运算

2.2.1 实验目的

1. 掌握用 Matlab 进行波形的相加、相减、相乘等。

2. 掌握用 Matlab 进行波形的平移、反折、尺度变换等。
3. 掌握用 Matlab 进行波形分解的方法。

2.2.2 实验原理与计算示例

1. 用 Matlab 实现波形的基本运算

用 Matlab 进行波形的加、减、乘、除是十分方便的。下面举例说明。

例 2.2-1 已知信号 $f_1(t)$、$f_2(t)$ 的波形如图 2.2-1 所示,画出 $f_1(t)$、$f_2(t)$、$f_1(t)+f_2(t)$、$f_1(t)-f_2(t)$ 的波形。

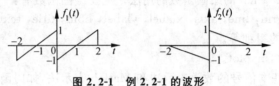

图 2.2-1 例 2.2-1 的波形

解 Matlab 程序如下:

```
% 例 2.2-1 的程序    e2_2_1.m
t=linspace(-3,3,300);
f1=(t+1).*rectpuls(t+1,2)+(t-1).*rectpuls(t-1,2);
f2=-tripuls(t+1,2,1)+tripuls(t-1,2,-1);
f=f1+f2;f0=f1-f2;
subplot(2,2,1),myplot(t,f1);xlabel('Time(sec)'),ylabel('f1(t)')
subplot(2,2,2),myplot(t,f2);xlabel('Time(sec)'),ylabel('f2(t)')
subplot(2,2,3),myplot(t,f);xlabel('Time(sec)'),ylabel('f1(t)+f2(t)')
subplot(2,2,4),myplot(t,f0);xlabel('Time(sec)'),ylabel('f1(t)-f2(t)')
```

程序运行后显示的波形如图 2.2-2 所示。

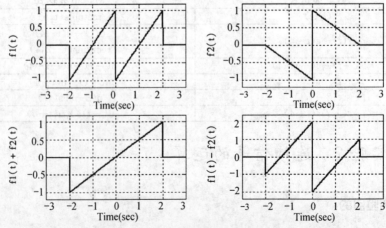

图 2.2-2 信号相加与相减的波形

例 2.2-2 已知信号 $f_1(t) = \cos(\pi t)$,$f_2(t) = 0.5\cos(20\pi t)$,画出叠加信号 $f_1(t) + f_2(t)$、双极性调制信号 $f_1(t)f_2(t)$、单极性调制信号 $[2+f_1(t)]f_2(t)$ 的波形,并画出包络线。

解 Matlab 程序如下:

```
% 例 2.2-2 的程序  e2_2_2.m
t=linspace(-2,2,500);
f1=cos(pi*t);
f2=0.5*cos(20*pi*t);
f=f1+f2;fs=f1.*f2;fc=(2+f1).*f2;
subplot(3,1,1),plot(t,f,t,f1+0.5,'r:',t,f1-0.5,'r:')
ylabel('f1(t)+f2(t)'),title('叠加信号')
subplot(3,1,2),plot(t,fs,t,f1/2,'r:',t,-f1/2,'r:')
ylabel('f1(t)*f2(t)'),title('双极性调制信号')
subplot(3,1,3),plot(t,fc,t,(f1+2)/2,'r:',t,-(f1+2)/2,'r:')
xlabel('Time(sec)'),ylabel('(2+f1(t))*f2(t)')
title('单极性调制信号')
```

程序运行后显示的图形如图 2.2-3 所示。

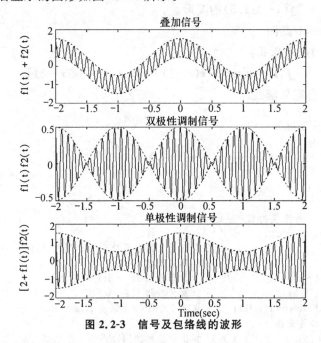

图 2.2-3 信号及包络线的波形

2. 信号波形的平移、反折、尺度变换

(1) 信号的平移:改变信号 $f(t)$ 在时间轴上的位置,但不改变它的形状。$f(t-t_0)$ 将 $f(t)$ 延迟时间 t_0,即将 $f(t)$ 的波形向右移动 t_0。$f(t+t_0)$ 将 $f(t)$ 超前时间 t_0,即将

$f(t)$的波形向左移动t_0。

（2）信号的折叠（反折）：$f(-t)$按纵坐标反折（自变量变符号），反折信号$f(-t)$是$f(t)$关于纵轴且通过原点$t=0$的镜像。

（3）折叠信号$f(-t)$的平移：$f(-t-t_0)=f[-(t+t_0)]$将反折信号$f(-t)$的波形向左移动t_0，或将$f(t)$向右移动t_0，再反折；$f(-t+t_0)=f[-(t-t_0)]$将反折信号$f(-t)$的波形向右移动t_0，或将$f(t)$向左移动t_0，再反折。

（4）信号的尺度变换是指信号$f(t)$在时间轴上变化，加快或减慢时间，可使信号压缩或扩展。信号$f(t/2)$表示将$f(t)$扩展了2倍，因为t被减慢为$t/2$。类似地，信号$f(3t)$表示将$f(t)$压缩3倍，因为将t加快为$3t$。

一般有，$f(at)$将$f(t)$进行尺度变换：若$a>1$，则$f(at)$将$f(t)$的波形沿时间轴压缩至原来的$1/a$；若$0<a<1$，则$f(at)$将$f(t)$的波形沿时间轴扩展至原来的$1/a$；若$a<0$，则$f(at)$将$f(t)$的波形反折并压缩或扩展至原来的$1/|a|$。

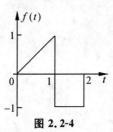

图 2.2-4

例 2.2-3 已知$f(t)$的波形如图 2.2-4 所示，画出$f(3-4t)$和$f(1-t/1.5)$的波形。

解 用 Matlab 画图。

先写出$f(t)$的表达式：

$$f(t)=t[\varepsilon(t)-\varepsilon(t-1)]-[\varepsilon(t-1)-\varepsilon(t-2)]$$

用 Matlab 写出自定义函数。

```
% 自定义函数 zdyf.m
function y=zdyf(t)
y=t.*(u(t)-u(t-1))-(u(t-1)-u(t-2));
```

再编写程序如下：

```
% 例 2.2-3  信号变换的程序：e2_2_3.m
t0=-2;t1=3;dt=0.01;
t=t0:dt:t1;                    % 自变量 t 的一维数组，从 t0 到 t1,间隔为 dt
f1=zdyf(t);                    % 计算函数值 f(t),
f2=zdyf(3-4*t);                % 计算函数值 f(3-4t)
f3=zdyf(1-t/1.5);              % 计算函数值 f(3-4t)
subplot(3,1,1),myplot(t,f1);   % 在第 1 个子图上画出 f(t)的图形
title('信号波形的变换')
ylabel('f(t)')                 % 标出 y 坐标为"f(t)"
subplot(3,1,2),myplot(t,f2);   % 在第 2 个子图上画出 f(3-4t)的图形
ylabel('f(3-4t)')              % 标出 y 坐标为"f(3-4t)"
subplot(3,1,3),myplot(t,f3);   % 在第 3 个子图上画出 f(1-t/1.5)的图形
ylabel('f(1-t/1.5)')           % 标出 y 坐标为"f(1-t/1.5)"
xlabel('Time(sec)')
```

在 Matlab 命令窗口下键入:e2_2_3,立即显示波形如图 2.2-5 所示。

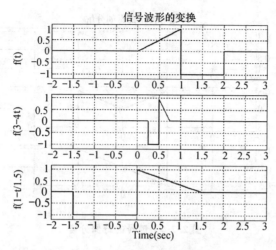

图 2.2-5 信号变换的波形

3. 信号波形的奇偶分解

设 $f_e(t)$ 表示信号 $f(t)$ 的偶分量,$f_o(t)$ 表示信号 $f(t)$ 的奇分量,则有

$$f(t) = f_e(t) + f_o(t)$$

其中,

$$f_e(t) = \frac{1}{2}[f(t) + f(-t)]$$

$$f_o(t) = \frac{1}{2}[f(t) - f(-t)]$$

例 2.2-4 已知 $f(t)$ 的波形如图 2.2-4 所示,画出其奇分量 $f_o(t)$ 和偶分量 $f_e(t)$ 的波形。

解 Matlab 程序如下:

```
% 例2.2-4 信号变换的程序:e2_2_4.m
t=linspace(-3,3,300);
f1=zdyf(t);
f2=0.5*(zdyf(t)+zdyf(-t));
f3=0.5*(zdyf(t)-zdyf(-t));
subplot(3,1,1),myplot(t,f1);
title('信号波形的奇偶分解')
ylabel('f(t)')
subplot(3,1,2),myplot(t,f2);
ylabel('f(t)的偶分量')
subplot(3,1,3),myplot(t,f3);
ylabel('f(t)的奇分量')
xlabel('Time(sec)')
```

程序运行后显示的图形如图 2.2-6 所示。

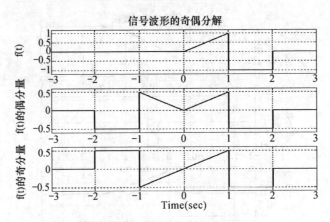

图 2.2-6 信号的奇偶分量

2.2.3 实验内容

2-1 已知信号 $f_1(t), f_2(t)$ 如图 2.2-7 所示,画出叠加信号 $f_1(t)+f_2(t)$、双极性调制信号 $f_1(t)f_2(t)$、单极性调制信号 $[2+f_1(t)]f_2(t)$ 的波形,并画出包络线。

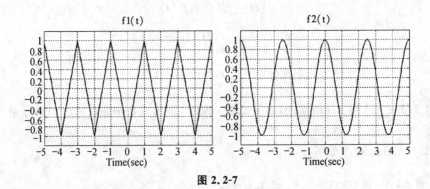

图 2.2-7

2-2 对于图 2.2-8 中的信号 $f(t)$,用 Matlab 为以下各式作图。

(a) $y(t)=f(t+3)$;

(b) $x(t)=f(2t-2)$;

(c) $g(t)=f(2-2t)$;

(d) $h(t)=f(-0.5t-1)$;

(e) $f_e(t)$(偶分量);

(f) $f_o(t)$(奇分量)。

2-3 已知信号 $f(3-4t)$ 如图 2.2-9 所示。用 Matlab 画出 $f(t)$ 的图形。

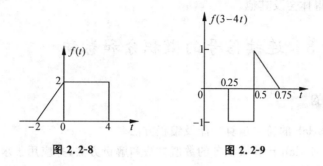

图 2.2-8 图 2.2-9

2.2.4 实验步骤和方法

1. 学习例 2.2-1、例 2.2-2 的波形运算的方法,学习画子图及在一幅图中画多条曲线的方法。

2. 仿照例 2.2-2 的方法,完成实验 2-1 的编程。先要正确写出所给波形的数学表达式,以及包络线的数学表达式,上机调试程序,观察并判断波形的正确性。

3. 仿照例 2.2-3 和例 2.2-4 的方法,完成实验 2-2 的编程。上机调试程序,观察并判断波形的正确性。注意要先编写自定义函数。

4. 实验 2-3 是例 2.2-3 的反问题,即已知变换了的波形 $f(3-4t)$,要求原函数 $f(t)$ 的波形。这里要进行变量代换,写出数学表达式并编程。上机调试程序,观察并判断信号的正确性。

2.2.5 预习要点

1. 学习有关 Matlab 的绘画函数的用法及自定义函数的编写。主要绘图函数有 subplot, linspace, grid, line, axis, xlabel, ylabel, title 等。

2. 学习有关基本信号的数学表示法和 Matlab 表示法,如门函数、三角波、周期三角波等。

3. 复习有关波形平移、反折、尺度变换的方法,波形分解为奇偶分量的方法。

4. 复习有关信号的基本运算方法,如相加、相减、相乘等。

5. 学会按已知数学表达式画波形,学会按已知波形写出数学表达式,学会包络线的数学表达式的正确写法。

2.2.6 实验报告要求

1. 根据信号变换、基本运算的原理,求出相应的数学表达式,编写程序,以及绘出各种波形图。

2. 简述上机调试程序的方法。

3. 根据实验归纳,总结出用 Matlab 绘图的方法,以及画子图的方法。

4. 简述心得体会及其他。

2.3 实验3 连续信号的微积分和卷积

2.3.1 实验目的

1. 学习 Matlab 的符号运算功能及编程方法。
2. 掌握用 Matlab 计算微积分的数值方法和解析方法,并应用于求解信号的功率或能量。
3. 掌握用 Matlab 进行卷积运算的数值方法和解析方法,加深对卷积积分的理解。

2.3.2 实验原理与计算示例

1. 微分和积分的数值解

我们知道,连续信号的微分是用差分来近似的,当步长(时间间隔)越小时,用差分表示微分就越精确,如图 2.3-1 所示。

所以,求导数就是近似求差分与步长之比,即

$$f'(t)\Big|_{t=k} \approx \frac{f(k)-f(k-1)}{h}$$

在 Matlab 中用函数 diff( )来计算差分 $f(k)-f(k-1)$,其调用格式为

$$y = \text{diff}(f)$$

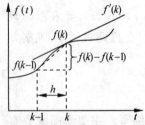

图 2.3-1 用差分表示微分

连续信号的定积分可由 Matlab 中的 quad 函数和 quadl 来实现,其调用格式为

quad('function_name',a,b) 采用自适应 Simpson 算法
quadl('function_name',a,b) 采用自适应 Lobatto 算法

其中,function_name 为被积函数名;a,b 为指定的积分区间。

2. 微分和积分的解析解

Matlab 除了数值计算以外,还有强大的符号运算功能。在数值计算过程中,参与运算的变量都是被赋了值的数值。而在符号运算的整个过程中,参与运算的是符号变量。在符号运算中所出现的数字都是当做符号来处理的。

Matlab 中,对符号表达式微分的函数是 diff( )。利用这个函数,可以求符号表达式的一阶导数、n 阶导数。该函数有三种调用格式

$$\text{diff}(f), \text{diff}(f,a), \text{diff}(f,n) \text{ 或 diff}(f,a,n)$$

其中,f 为符号表达式,a 说明对其求导,n 表示求导次数。

积分运算的函数是 int( ),它也有三种调用形式

$$\text{int}(f), \text{int}(f,v), \text{int}(f,a,b) \text{ 或 int}(f,v,a,b)$$

其中,f 为符号表达式,v 说明对其求积分,a、b 表示积分的区间。显然前两个是求不定积分,后两个是求定积分。

例 2.3-1 计算定积分 $s = \int_0^{3\pi} e^{-0.5t} \sin(t+\pi/6) dt$。

解 用三种积分函数计算如下:

```
>> format long;
>> y=inline('exp(-0.5*t).*sin(t+pi/6)');
>> s=quad(y,0,3*pi)
s =
  0.90084081100646
>> sl=quadl(y,0,3*pi)
sl =
  0.90084078775646
>> sf=int('exp(-0.5*t)*sin(t+pi/6)',0,3*pi)
sf =
  .90084078781888619095323632923836
```

符号积分计算是精确值。

例 2.3-2 画出如图 2.3-2 所示信号的一阶导数和积分的波形图。

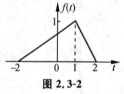

图 2.3-2

解 (a)用 Matlab 的数值计算方法的程序如下:

```
% 画微分和积分的程序(数值计算) e2_3_1n.m
clear all
t0=-3;t1=3;dt=0.02;
t=t0:dt:t1;
f1=tripuls(t,4,0.5);                    % 定义三角波
df=diff(f1)/dt;                         % 求导
f=inline('tripuls(t,4,0.5)');           % 定义在线函数对象
for x=1:length(t)
    intf(x)=quad(f,-3,t(x));            % 求积分
end
subplot(3,1,1),myplot(t,f1);            % 画 f(t)
ylabel('f(t)')
subplot(3,1,2),myplot(t(1:length(t)-1),df);  % 画 f(t)的导数
ylabel('df(t)/dt')
subplot(3,1,3),myplot(t,intf);          % 画 f(t)的积分
ylabel('f(t)的积分'),xlabel('Time(sec)')
```

程序运行后显示的图形如图 2.3-3 所示。
(b)用 Matlab 的符号计算方法的程序如下：

```
% 画微分和积分的程序(符号计算) e2_3_1s.m
clear all;syms t
f1=sym('1/3*(t+2)*Heaviside(t+2)-4/3*(t-1)*Heaviside(t-1)+(t-2)*Heaviside(t-2)');
df=diff(f1);df=simple(df);
intf=int(f1);f2=simple(intf);
subplot(3,1,1),ezplot(f1,[-3,3]);xlabel('')
grid;title('f(t)的波形')
subplot(3,1,2),ezplot(df,[-3,3]);xlabel('')
grid;title('f(t)一阶导数')
subplot(3,1,3),ezplot(f2,[-3,3]);
grid;title('f(t)的积分')
```

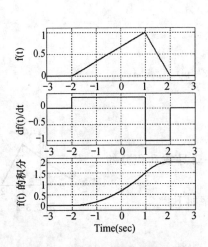 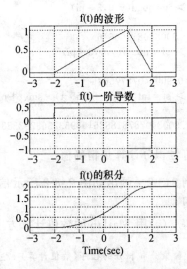

图 2.3-3　用数值计算的微积分波形　　图 2.3-4　用符号计算的微积

程序运行后显示的图形如图 2.3-4 所示。其中 Heaviside(t)表示符号形式的单位阶跃函数。

例 2.3-3　已知三种有用的脉冲波形的信号能量如图 2.3-5 所示，试用 Matlab 的积分运算来证明。

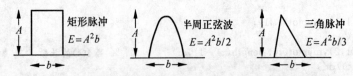

矩形脉冲 $E=A^2b$　　半周正弦波 $E=A^2b/2$　　三角脉冲 $E=A^2b/3$

图 2.3-5　三种脉冲波形及能量

解 在 Matlab 的命令窗口输入以下命令：

```
>> syms t b A a
>> E=int('A^2',t,0,b)
E =
A^2*b
>> E=int('(A*sin(pi/b*t))^2',0,b)
E =
1/2*A^2*b
>> E=int('(A/a*t)^2',t,0,a)+int('(A/(b-a)*(t-b))^2',t,a,b)
E =
1/3*A^2*a+1/3*A^2/(b-a)^2*(b^3-a3)-A^2/(b-a)^2*a*(b^2-a^2)+A^2/(b-a)*a^2
>> E=simple(E)
E =
1/3*A^2*b
```

3. 卷积积分的数值计算

卷积积分计算实际上可用信号的分段求和来实现，即

$$f(t) = f_1(t) * f_2(t) = \int_{-\infty}^{\infty} f_1(\tau)f_2(t-\tau)d\tau = \lim_{\Delta \to 0} \sum_{k=-\infty}^{\infty} f_1(k\Delta)f_2(t-k\Delta) \cdot \Delta$$

如果我们只求当 $t = n\Delta$（n 为整数）时，$f(t)$ 的值 $f(n\Delta)$，则由上式可得

$$f(n\Delta) = \Delta \sum_{k=-\infty}^{\infty} f_1(k\Delta)f_2[(n-k)\Delta]$$

当时间间隔足够小时，$f(n\Delta)$ 就是 $f(t)$ 的数值近似。Matlab 的函数 conv(x,h) 可以用来计算卷积积分的数值解。为此，编写计算卷积积分的通用函数如下。

```
function x=CSCONV(F1,t1_s,t1_e,F2,t2_s,t2_e);
%    计算有限长连续信号的卷积
%    F1,F2 为两信号的字符串,t1_s,t2_s 为两信号的起始点,t1_e,t2_e 为两信号的终止点
%    同时显示 f1(t),f2(t) 和 f(t)=f1*f2 三个波形,并且三个波形自动显示在图形中间
%    例: f1='2*rectpuls(t,4)'; f2='3*rectpuls(t-0.5,3)'; figure(1)
%        CSCONV(f1,-2,2,f2,-1,2)
%
t_s=t1_s+t2_s;t_e=t1_e+t2_e;
t0=min([t1_s,t2_s,t_s])-1;t1=max([t1_e,t2_e,t_e])+1;dt=0.005;
t=t0:dt:t1;
L=length(t);
tp=[2*t(1):dt:2*t(L)];
f1=eval(F1);f2=eval(F2);
y=dt*conv(f1,f2);y_max=max(y);y_min=min(y);dy=(y_max-y_min)/10;
f1_max=max(f1);f1_min=min(f1);df1=(f1_max-f1_min)/10;
f2_max=max(f2);f2_min=min(f2);df2=(f2_max-f2_min)/10;
subplot(3,1,1),plot(t,f1,'linewidth',2);title('信号 f1(t)的波形','color','b','FontSize',8)
axis([t(1) t(L) f1_min-df1 f1_max+df1]);grid,set(gca,'FontSize',8)
subplot(3,1,2),plot(t,f2,'linewidth',2);title('信号 f2(t)的波形','color','b','FontSize',8)
```

```
axis([t(1) t(L) f2_min-df1 f2_max+df1]);grid,set(gca,'FontSize',8)
subplot(3,1,3),plot(tp,y,'linewidth',2);
title('卷积 f(t)=f1*f2 的波形','color','b','FontSize',8)
if y_min>=0
    y0=(y_max-y_min)/2;
else
    y0=0;
end
axis([t(1),t(L),y_min-dy,y_max+dy]);grid;
set(gca,'Ytick',[y_min,y0,y_max],'FontSize',8)
xlabel('Time(sec)')
```

调用以上函数可以方便地计算并画出两个任意有限长波形和卷积波形。举例说明如下。

例 2.3-4 已知信号 $f_1(t)$ 和 $f_2(t)$ 的波形如图 2.3-6(a)、(b)所示(其中,令$A=2$,$B=3$)。计算卷积积分 $f(t)=f_1(t)*f_2(t)$。

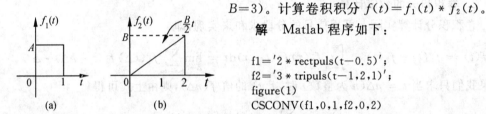

图 2.3-6 两信号波形

解 Matlab 程序如下:

```
f1='2*rectpuls(t-0.5)';
f2='3*tripuls(t-1,2,1)';
figure(1)
CSCONV(f1,0,1,f2,0,2)
```

程序运行后显示的波形如图 2.3-7 所示。

4. 卷积积分的符号计算

Matlab 不仅有数值计算功能,还有强大的符号计算功能,即有推理功能并可得解析表达式。卷积积分用 Matlab 的积分 int()函数,可以计算不定积分和定积分。调用格式为

$$int(f), int(f,a,b)$$

其中,f 为被积函数,a,b 为积分的上下限。为此,编写计算卷积积分解析解的通用函数如下:

```
function y=CSCONVS(f,h,t_s,t_e,a,b);
%   计算卷积积分的解析解
%   f 为激励信号,含有阶跃函数 Heaviside(t)
%   h 为冲激响应,卷积时要反折的信号,不可含阶跃函数,默认起始点为 0
%   t_s,t_e 为系统零状态响应 y=f*h 波形的起始点和终止点
%   a,b 为卷积积分的上、下限,例:计算 exp(-2t)u(t+1) 与 u(t-3)卷积
%   syms t
%   h=sym('exp(-2*t+2)');
%   f=sym('Heaviside(t-2)');
%   CSCONVS(f,h,1,5,2,t)
%
```

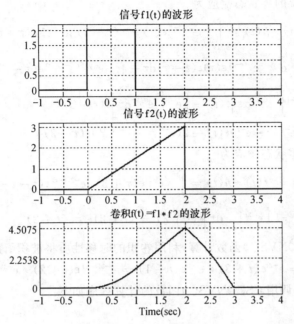

图 2.3-7 信号的卷积波形

```
syms t tao
ftao=subs(f,t,tao);
ht_tao=subs(h,t-tao);
y=simple(int(ftao * ht_tao,tao,a,b));
t=t_s:0.02:t_e;
yt=subs(y);y_max=max(yt);y_min=min(yt);dy=(y_max-y_min)/10;
plot(t,yt,'linewidth',2);
axis([t_s t_e y_min-dy y_max+dy]);%axis([-2 3 0 11]);
xlabel('t(sec)');grid;
if y_min>=0
    y0=(y_max-y_min)/2;
else
    y0=0;
end
set(gca,'Ytick',[y_min,y0,y_max],'FontSize',8)
title('卷积的波形');
disp('零状态响应'),y
```

现用实例说明其计算方法。

例 2.3-5 线性非时变系统的输入信号 $f(t)$ 和冲激响应 $h(t)$ 由下列各式给出,试求系统的零状态响应 $y_{zs}(t)$。

(a) $f(t)=e^{-0.5t}[\varepsilon(t)-\varepsilon(t-2)]$, $h(t)=e^{-t}\varepsilon(t)$;

(b) $f(t)=e^{-2t}\varepsilon(t+3)$, $h(t)=e^{-2t}\varepsilon(t-1)$。

解 （a）系统的零状态响应为

$$y_{zs}(t) = f(t) * h(t) = \int_{-\infty}^{\infty} e^{-0.5\tau}[\varepsilon(\tau) - \varepsilon(\tau-2)]e^{-(t-\tau)}\varepsilon(t-\tau)d\tau$$

$$= \int_{-\infty}^{\infty} e^{-0.5\tau}e^{-(t-\tau)}\varepsilon(\tau)\varepsilon(t-\tau)d\tau - \int_{-\infty}^{\infty} e^{-0.5\tau}e^{-(t-\tau)}\varepsilon(\tau-2)\varepsilon(t-\tau)d\tau$$

$$= \left[e^{-t}\int_0^t e^{0.5\tau}d\tau\right]\varepsilon(t) - \left[e^{-t}\int_2^t e^{0.5\tau}d\tau\right]\varepsilon(t-2)$$

$$= 2(e^{-0.5t} - e^{-t})\varepsilon(t) - 2(e^{-0.5t} - e^{-(t-1)})\varepsilon(t-2)$$

（b）系统的零状态响应为

$$y_{zs}(t) = f(t) * h(t) = \int_{-\infty}^{\infty} e^{-2\tau}\varepsilon(\tau+3)]e^{-2(t-\tau)}\varepsilon(t-\tau-1)d\tau$$

$$= \left[e^{-2t}\int_{-3}^{t-1} d\tau\right]\varepsilon(t+2) = (t+2)e^{-2t}\varepsilon(t+2)$$

为了用 CSCONVS( ) 函数计算，利用卷积的时移性质将被积函数要变换如下：

$$y_{zs}(t) = e^{-2t}\varepsilon(t+3) * e^{-2t}\varepsilon(t-1) = e^{-2(t-1)}\varepsilon(t+2) * e^{-2(t+1)}\varepsilon(t)$$

用 Matlab 并调用 CSCONVS( ) 函数的计算程序如下：

```
syms t
h=sym('exp(-t)');
f=sym('exp(-t/2)*(Heaviside(t)-Heaviside(t-2))');
figure(1)
y1=CSCONVS(f,h,-0.5,5,0,t);
h=sym('exp(-2*t-2)');
f=sym('exp(-2*t+2)*(Heaviside(t+2))');
figure(2)
y2=CSCONVS(f,h,-2.5,3,-2,t);
disp('零状态响应'),y1,y2,
```

程序运行后显示的图形如图 2.3-8(a)、(b)所示。

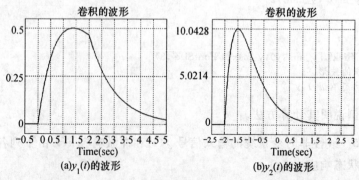

(a)$y_1(t)$的波形　　　(b)$y_2(t)$的波形

图 2.3-8

在命令窗口显示其卷积的解析式如下:

```
>>零状态响应
y1 =
2*Heaviside(t)*exp(-1/2*t)-2*Heaviside(t)*exp(-t)-2*Heaviside(t-2)*exp
(-1/2*t)+2*Heaviside(t-2)*exp(1-t)
y2 =
Heaviside(t+2)*(t+2)*exp(-2*t)
```

其中,Heaviside(t)表示阶跃函数 $\varepsilon(t)$,所以,

$$y_1(t)=2(e^{-t/2}-e^{-t})\varepsilon(t)-2(e^{-t/2}-e^{-(t-1)})\varepsilon(t-2)$$
$$y_2(t)=(t+2)e^{-2t}\varepsilon(t+2)$$

与理论计算结果一致。

2.3.3 实验内容

3-1 周期信号如题图 2.3-9 所示,试计算信号的功率。

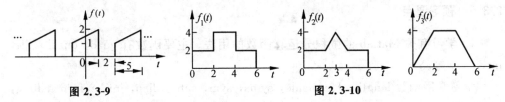

图 2.3-9　　　　　　　　　　图 2.3-10

3-2 求图 2.3-10 中的信号的能量。

3-3 用 Matlab 画出图 2.3-11 中的信号的卷积波形。

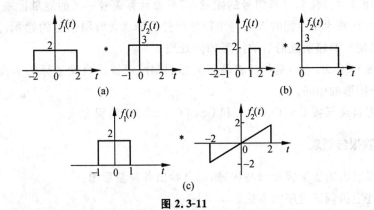

图 2.3-11

3-4 用符号积分求下列函数的卷积积分:

(a) $f_1(t)=t\varepsilon(t)$, $f_2(t)=\varepsilon(t)$;

(b) $f_1(t)=e^{-2t}\varepsilon(t+1)$, $f_2(t)=\varepsilon(t-3)$;

(c) $f_1(t)=t\varepsilon(t+1), f_2(t)=(t+1)\varepsilon(t)$；
(d) $f_1(t)=\mathrm{e}^{-2t}\varepsilon(t), f_2(t)=\mathrm{e}^{-3t}\varepsilon(t)$。

2.3.4 实验步骤和方法

1. 对于实验 3-1，找出图 2.3-9 周期信号的周期 T，用 Matlab 的数值积分或符号积分计算一个周期的能量 E，再计算功率 $P=E/T$。

2. 用 Matlab 的数值积分或符号积分计算实验 3-2 中信号的能量 E。用符号积分时可以分段积分再相加。

3. 仿照例 2.3-4 的卷积的数值计算方法，调用函数 CSCONV( ) 完成实验 3-3 的编程。上机调试程序，观察并判断卷积波形的正确性。

4. 仿照例 2.3-5 的卷积的符号计算方法，调用函数 CSCONVS( ) 完成实验 3-4 的编程。上机调试程序，观察并判断卷积波形和解析表达式的正确性，并与理论计算结果加以比较。

2.3.5 预习要点

1. 学习有关 Matlab 的微积分运算函数的用法。主要函数有 quad，quadl，diff，int，conv 等。

学习常用函数 length，Heaviside，syms，sym，subs，disp，inline，format long，ezplot 等。

2. 复习有关计算信号的能量或功率的方法。观察图 2.3-10 的波形所具有的对称性，能否用其对称性来计算信号的能量，即只要计算信号一半的能量再乘 2。

3. 复习有关计算卷积的方法。用符号积分法计算无时限信号的卷积，其积分上、下限如何确定？对超前或滞后的波形如何处理？

4. 函数 CSCONV( ) 是如何将画图坐标的刻度设置成自动坐标的刻度？即使波形始终处于图形的中间。

5. 学习自编函数 CSCONV( ) 和 CSCONVS( ) 的编程方法。

2.3.6 实验报告要求

1. 根据求出的数学模型编写程序，以及绘出各种波形图。
2. 简述上机调试程序的方法。
3. 根据实验归纳、总结出用 Matlab 计算积分和卷积的方法。
4. 简述心得体会及其他。

2.4 实验4 连续系统的时域分析

2.4.1 实验目的

1. 掌握 Matlab 对线性时不变连续系统的数值仿真。
2. 掌握用 Matlab 计算冲激响应和阶跃响应的数值方法。
3. 学习 Matlab 的符号运算功能中求解微分方程的方法。加深对系统零输入响应、零状态响应、自由响应、强迫响应的理解。

2.4.2 实验原理与计算示例

1. 连续系统零状态响应的数值解

线性非时变(LTI)系统以线性常系数微分方程描述,系统的零状态响应可通过求解初始状态为零的微分方程得到。在 Matlab 中,提供了一个用于求解零状态响应的函数 lsim,其调用格式为

$$y = \text{lsim}(\text{sys}, f, t)$$

其中,t 表示计算系统响应的时间抽样点向量,f 是系统输入信号向量,sys 是 LTI 系统模型,用来表示微分方程、状态方程。在求解微分方程时,微分方程的 LTI 系统模型 sys 要借助 Matlab 中的 tf 函数来获得,其调用格式为

$$\text{sys} = \text{tf}(b, a)$$

其中,a、b 分别为微分方程左端和右端各项的系数向量。

例 2.4-1 描述某线性时不变系统的方程为

$$y''(t) + 3y'(t) + 2y(t) = f'(t) + 2f(t)$$

试求:当 $f(t) = e^{-0.5t}\varepsilon(t)$, $y(0) = 0$, $y'(0) = 0$ 时的零状态响应 $y_{zs}(t)$。

解 Matlab 程序如下:

```
% 计算零状态响应    e2_4_1.m
b=[1 2];              % 输入微分方程右边的系数行向量
a=[1 3 2];            % 输入微分方程左边的系数行向量
t=0:0.05:7;           % 输入时间(起始、间隔和终止时间)
f=exp(-0.5*t);        % 输入激励函数表达式
lsim(b,a,f,t);        % 画零状态响应图
text(0.8,0.8,'f(t)'),
text(3,0.4,'yzs(t)')
```

程序运行后显示的零状态响应如图 2.4-1 所示。图中蓝色曲线为零状态响应波形,淡黑色曲线为输入信号波形。

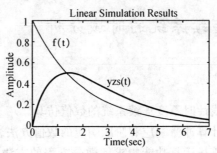

图 2.4-1 零状态响应的波形

2. 连续系统的冲激响应和阶跃响应

在 Matlab 中,求解系统冲激响应可用函数 impulse,求解阶跃响应可利用函数 step,其调用格式分别为

```
y=impulse(sys,t)
y=step(sys,t)
```

其中,t 表示计算系统响应的时间抽样点向量,sys 是 LTI 系统模型。

例 2.4-2 描述某线性时不变系统的方程为
$$y''(t)+2y'(t)+100y(t)=20f'(t)+100f(t)$$
试求:系统的冲激响应 $h(t)$ 和阶跃响应 $g(t)$。

解 Matlab 程序如下:

```
% 计算冲激响应和阶跃响应   e2_4_2.m
b=[20 100];                  % 输入微分方程右边的系数行向量
a=[1 2 100];                 % 输入微分方程左边的系数行向量
sys=tf(b,a);
t=0:0.02:4;                  % 输入时间(起始、间隔和终止时间)
figure(1)
impulse(sys,t);              % 画冲激响应波形图
figure(2)
step(sys,t)                  % 画阶跃响应波形图
```

程序运行后显示的冲激响应波形如图 2.4-2(a)所示。阶跃响应波形如图 2.4-2(b)所示。

3. 求解微分方程的符号计算方法

用 Matlab 的符号计算方法 dsolve 函数还可以计算微分方程的解析式。其调用格式

```
r=dsolve('eq1,eq2...','cond1,cond2...','v')
r=dsolve('eq1','eq2',...,'cond1','cond2',...,'v')
```

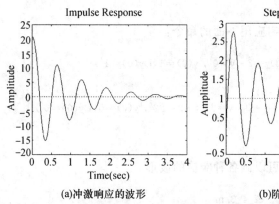

(a)冲激响应的波形　　　　　　(b)阶跃响应的波形

图 2.4-2　冲激响应和阶跃响应

其中,eq1,eq2,…表示常系数微分方程(组);cond1,cond2,…表示初始条件;V 表示求解的变量。在缺省情况下,默认变量为 t。

例 2.4-3　描述某线性时不变系统的方程为

$$y''(t)+3y'(t)+2y(t)=f'(t)+2f(t)$$

试求:当 $f(t)=t^2$, $y(0)=1$, $y'(0)=1$ 时的自由响应 $y_h(t)$、强迫响应 $y_p(t)$、零输入响应 $y_{zt}(t)$、零状态响应 $y_{zs}(t)$ 以及系统的全响应。

解　由于微分方程的右边不包含 $\delta(t)$ 及其各阶导数项,所以,0_+ 和 0_- 初始值是相同的。

在 Matlab 的命令窗口输入如下命令,可以求得微分方程的全解。

```
>> y=dsolve('D2y+3*Dy+2*y=2*t+2*t^2','y(0)=1,Dy(0)=1')
y =
2-2*t+t^2-2*exp(-2*t)+exp(-t)
```

其中,D2y 表示 $y''(t)$,Dy 表示 $y'(t)$。可见与理论计算结果一致。

求自由响应和强迫响应用下面的命令:

```
>> yht=dsolve('D2y+3*Dy+2*y=0')           % 求齐次通解
yht =
C1*exp(-2*t)+C2*exp(-t)
>> yt=dsolve('D2y+3*Dy+2*y=2*t+2*t^2')    % 求非齐次通解
yt =
2-2*t+t^2+C1*exp(-2*t)+C2*exp(-t)
>> yp=yt-yht                              % 求特解,即强迫响应
yp =
2-2*t+t^2
>> yh=y-yp                                % 求齐次解,即自由响应
yh =
```

$-2*\exp(-2*t)+\exp(-t)$

求零输入响应和零状态响应用下面的命令：

```
>> yzi=dsolve('D2y+3*Dy+2*y=0','y(0)=1,Dy(0)=1')
yzi=
-2*exp(-2*t)+3*exp(-t)
>> yzs=dsolve('D2y+3*Dy+2*y=2*t+2*t^2','y(0)=0,Dy(0)=0')
yzs=
2-2*t+t^2-2*exp(-t)
```

用 Matlab 编程如下，并可以画各种响应的波形。

```
% 符号计算法求时域响应     e2_4_3.m
% 求自由响应和强迫响应
y=dsolve('D2y+3*Dy+2*y=2*t+2*t^2','y(0)=1,Dy(0)=1')
yht=dsolve('D2y+3*Dy+2*y=0');
yt=dsolve('D2y+3*Dy+2*y=2*t+2*t^2');
yp=yt-yht
yh=y-yp
% 求零输入响应和零状态响应
yzi=dsolve('D2y+3*Dy+2*y=0','y(0)=1,Dy(0)=1');
yzs=dsolve('D2y+3*Dy+2*y=2*t+2*t^2','y(0)=0,Dy(0)=0');
t=linspace(0,3,300);figure(1)
y_n=subs(y);yh_n=subs(yh);yp_n=subs(yp);
plot(t,y_n,t,yh_n,'m:',t,yp_n,'r-.','linewidth',2)
xlabel('Time(sec)'),title('全响应,自由响应,强迫响应')
legend('全响应','自由响应','强迫响应',0)
figure(2)
yzi_n=subs(yzi);yzs_n=subs(yzs);
plot(t,y_n,t,yzi_n,'m:',t,yzs_n,'r-.','linewidth',2)
legend('全响应','零输入响应','零状态响应',0)
xlabel('Time(sec)'),title('全响应,零输入响应,零状态响应')
```

程序运行后显示的图形如图 2.4-3 所示。

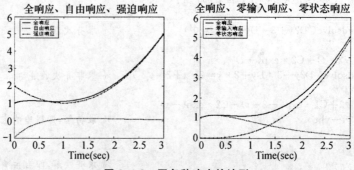

图 2.4-3　画各种响应的波形

并在命令窗口显示各种响应的表达式如下：

```
>> y =
2−2*t+t^2+exp(−t)−2*exp(−2*t)
yp =
2−2*t+t^2
yh =
exp(−t)−2*exp(−2*t)
yzi =
3*exp(−t)−2*exp(−2*t)
yzs =
2−2*t+t^2−2*exp(−t)
```

2.4.3 实验内容

4-1 已知系统的转移算子

(a) $H(p)=\dfrac{p+1}{p^2+2p+2}$； (b) $H(p)=\dfrac{p}{p^2+2p+1}$

初始条件均为 $y(0)=1, y'(0)=2$。试求：系统的零输入响应 $y_{zi}(t)$，并画出波形图。

4-2 描述某线性时不变系统的微分方程为

$$y''(t)+3y'(t)+2y(t)=f'(t)+2f(t)$$

且 $f(t)=\varepsilon(t), y(0_-)=1, y'(0_-)=1$；试求：系统的全响应，并指出其零输入响应、零状态响应、自由响应与强迫响应。并画出它们的波形图。

4-3 描述某线性时不变系统的方程为

$$y''(t)+5y'(t)+6y(t)=2f'(t)+8f(t)$$

计算该系统的下列时间响应：

（a）系统的冲激响应和阶跃响应的数值解；

（b）输入 $f(t)=e^{-t}\varepsilon(t)$，求系统的零状态响应 $y_{zs}(t)$ 的数值解；

（c）已知初始条件为 $y(0_-)=-3, y'(0_-)=0$，求系统的零输入响应 $y_{zi}(t)$ 的解析解；

（d）已知初始条件为 $y(0_-)=-3, y'(0_-)=0$，输入 $f(t)=e^{-t}\varepsilon(t)$，求系统的全响应 $y(t)$ 的解析解。

2.4.4 实验步骤和方法

1. 用 Matlab 求解微分方程的符号计算方法来计算实验 4-1。并用 plot 函数画出零输入响应波形。

2. 仿照例 4-3 的方法，完成实验内容 4-2 的编程。上机调试程序，观察并判断波形和解析表达式的正确性，并与理论计算结果加以比较。这里要注意 0_+ 和 0_- 初始值是不相同的,对不同的响应初始条件的代入就不同了。

$$y''(t)+5y'(t)+6y(t)=\delta(t)+2\varepsilon(t)$$

由于微分方程的右边含有 $\delta(t)$,0_+ 和 0_- 初始值不同,由方程两边最高阶项得

$$y''(t)\to\delta(t),\text{两边积分 } y'(t)\to\varepsilon(t)$$

显然,$y'(0)$ 有跳变,即 $y'(0_+)-y'(0_-)=1$,故有

$$y'(0_+)=1+y'(0_-)=2$$

而对 $y'(t)\to\varepsilon(t)$ 两边积分,得 $y(t)\to t\varepsilon(t)$,即 $y(0)$ 无跳变。$y(0_+)=y(0_-)=1$。

求全响应时,Matlab 命令为

$$y=\text{dsolve}('D2y+3*Dy+2*y=2','y(0)=1,Dy(0)=2')$$

注意:微分方程的右边,即激励信号为 $t\geqslant 0_+$ 的时间函数。

3. 仿照例 2.4-2 的数值计算方法,即函数 impulse(sys,t)和 step(sys,t)完成对实验 4-3(a)的编程。实验 4-3(b)可用函数 lsim(sys,f,t)计算;实验 4-3(c)、(d)要用求解微分方程的符号计算方法计算。上机调试程序,观察并判断波形的正确性,并与理论计算加以比较。这里同样要注意初始值的问题。初始值为

$$y'(0_+)-y'(0_-)=2,y(0_+)=y(0_-)$$

最后将零状态响应的两种计算方法画出的曲线进行对比,观察它们是否一致。

2.4.5 预习要点

1. 学习有关 Matlab 用于系统时域分析的函数的用法。主要函数有 lsim,tf(b,a),impulse,step,dsolve 等。

学习常用函数:figure,legend,hold on,hold off 等。

2. 复习线性时不变系统时域分析的方法。弄清零输入响应、零状态响应、自由响应与强迫响应的概念,以及全响应的两种分解形式。

3. 何为 0_+ 初始状态和 0_- 初始状态?各种响应求解时要到用何种初始值?

2.4.6 实验报告要求

1. 根据微分方程的两种分解方法,写出相应的数学表达式,编写程序,以及绘出各种波形图。

2. 简述上机调试程序的方法。

3. 根据实验归纳、总结出用 Matlab 对线性时不变系统进行时域分析的方法。比较数值解和符号解的优、缺点。

4. 简述心得体会及其他。

3 连续信号和系统的频域分析

本章主要介绍连续信号和系统的频域分析的 Matlab 实现方法。介绍用 Matlab 绘制周期信号的离散频谱和非周期信号的连续频谱。观察周期信号合成过程。信号通过线性系统(滤波器)的频谱变化。加深对信号频谱的概念、滤波器的滤波作用的理解。另外,用 Matlab 的符号计算功能可以直接求解傅里叶变换的解析表达式,并对傅里叶变换的性质作进一步验证分析。

3.1 实验5 周期信号的频谱

3.1.1 实验目的

1. 通过 Matlab 编程观察周期信号的合成过程,进一步理解周期信号的傅里叶级数分解特性。
2. 学习用 Matlab 绘制周期信号频谱的方法。观测周期信号频谱的离散性、谐波性和收敛性。
3. 用 Matlab 研究周期矩形波的频谱。观察周期变化或脉冲宽度变化对频谱的影响。

3.1.2 实验原理与计算示例

1. 周期信号的分解与合成

周期为 T 的周期信号 $f(t)$,满足狄里赫利(Dirichlet)条件(实际中遇到的所有周期信号都符合该条件),便可以展开为傅里叶级数的三角形式,即

$$f(t) = a_0 + \sum_{n=1}^{\infty} a_n \cos n\Omega t + \sum_{n=1}^{\infty} b_n \sin n\Omega t \tag{3.1-1}$$

式中:$\Omega=\dfrac{2\pi}{T}$为基波频率;a_n与b_n为傅里叶系数。在一个周期内,其傅里叶系数为

$$a_0 = \frac{1}{T}\int_{-\frac{T}{2}}^{\frac{T}{2}} f(t)\mathrm{d}t \tag{3.1-2}$$

$$a_n = \frac{2}{T}\int_{-\frac{T}{2}}^{\frac{T}{2}} f(t)\cos n\Omega t \mathrm{d}t \quad (n=1,2,\cdots) \tag{3.1-3}$$

$$b_n = \frac{2}{T}\int_{-\frac{T}{2}}^{\frac{T}{2}} f(t)\sin n\Omega t \mathrm{d}t \quad (n=1,2,\cdots) \tag{3.1-4}$$

如果将式(3.1-1)中同频率项加以合并,可以写成另一种形式

$$f(t) = A_0 + \sum_{n=1}^{\infty} A_n \cos(n\Omega t - \varphi_n) \tag{3.1-5}$$

两种表达式中的系数的关系为

$$A_0 = a_0, \quad A_n = \sqrt{a_n^2 + b_n^2}, \quad \varphi_n = \arctan\frac{b_n}{a_n}$$

式(3.1-1)或式(3.1-5)表明,任意周期信号可以分解为直流和各次谐波之和。A_0为周期信号的平均值,它是周期信号中所包含的直流分量。当 $n=1$ 时,称式(3.1-5)中的正弦信号为一次谐波或基波;当 $n=2$ 时,称正弦信号为二次谐波,以此类推。各次谐波的频率是基波的整数倍。

例 3.1-1 试求如图 3.1-1 所示周期信号 $f(t)$ 的傅里叶级数。

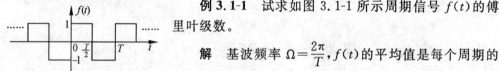

图 3.1-1 周期矩形信号

解 基波频率 $\Omega=\dfrac{2\pi}{T}$,$f(t)$ 的平均值是每个周期的平均面积,即 $a_0=0$。

$$a_n = \frac{2}{T}\int_0^{T/2} \cos n\Omega t \mathrm{d}t - \frac{2}{T}\int_{T/2}^{T} \cos n\Omega t \mathrm{d}t = 0$$

$$b_n = \frac{2}{T}\int_0^{T/2} \sin n\Omega t \mathrm{d}t - \frac{2}{T}\int_{T/2}^{T} \sin n\Omega t \mathrm{d}t = \frac{2}{T}\left[-\frac{\cos n\Omega t}{n\Omega}\bigg|_0^{T/2} + \frac{\cos n\Omega t}{n\Omega}\bigg|_{T/2}^{T}\right]$$

将 $\Omega=\dfrac{2\pi}{T}$ 代入上式,并且对所有的 n,有 $\cos 2n\pi=1$,可得

$$b_n = \frac{2}{n\pi}(1-\cos n\pi)$$

当 n 为奇数时,$\cos n\pi=-1$;当 n 为偶数时,$\cos n\pi=1$,可得

$$b_n = \begin{cases} \dfrac{4}{n\pi}, & n\text{ 为奇数} \\ 0, & n\text{ 为偶数} \end{cases}$$

因此,$f(t)$ 的傅里叶级数为

$$f(t) = \frac{4}{\pi}\left(\sin\Omega t + \frac{1}{3}\sin 3\Omega t + \frac{1}{5}\sin 5\Omega t + \cdots\right)$$

应用 Matlab 可以形象地观察傅里叶级数与原波形的关系,通过下面给出的程序($T=1$)加以说明。

```
% 傅里叶级数的部分和,最高谐波次数为 7,21 和 41 的波形比较    e3_1_1.m
n_max=[7 21 41];                          % 最高谐波次数:7,21,41
N=length(n_max);                          % 计算 N 次
t=-1.1:.002:1.1;
omega_0=2*pi;                             % 基波频率为 2π
for k=1:N
    n=[];
    n=[1:2:n_max(k)];                     % n=1,3,5,…
    b_n=4./(pi*n);                        % 计算傅里叶系统 b_n
    x=b_n*sin(omega_0*n'*t);              % 计算前几项的部分和
    % 在 N 幅图中的第 k 子图画波形
    subplot(N,1,k),plot(t,x,'linewidth',2);
    axis([-1.1 1.1 -1.5 1.5]);
    line([-1.1 1.1],[0 0],'color','r');   % 画直线,表示横轴,线为红色
    line([0 0],[-1.5 1.5],'color','r');   % 画直线,表示纵轴,线为红色
    title(['最高谐波次数=',num2str(n_max(k))]);  % 在 N 幅图中的第 k 子图上写标题
end
xlabel('Time(sec)')
```

注意,在求傅里叶级数部分和时用到了矩阵乘法,这比使用 for 循环节省了大量计算时间。程序运行结果如图 3.1-2 所示。由此可知,傅里叶级数的有限项所取项数愈多,则该级数愈逼近于信号 $f(t)$。

2. 周期信号的频谱

周期信号可以展开为傅里叶级数的三角形式如式(3.1-1)、式(3.1-5)所示,或指数形式,其指数形式为

$$f(t) = \sum_{n=-\infty}^{+\infty} \dot{F}_n e^{jn\Omega t}$$

傅里叶系数之间的关系为

$$A_0 = a_0, \quad \dot{A}_n = a_n - jb_n,$$
$$\dot{F}_n = \frac{1}{2}\dot{A}_n, \quad F_0 = A_0$$

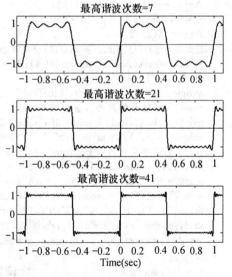

图 3.1-2　周期波形傅里叶级数的部分和

它描述了周期信号所含有的频率成分及这些频率分量的幅度和相位。将各次谐波的幅度和相位随频率变化的规律用图形的方式表示出来,这就是频谱图。通常称 $\dot{F}_n$ 或 $\dot{A}_n$ 为 $f(t)$ 的频谱。

幅度频谱和相位频谱描述的是每个谐波的幅度与相位。它们在图中是作为离散

信号,有时称为线谱。单边频谱指的是当 $n\geqslant 0$ 时(正频率),A_n 和 φ_n 的图形表示;而双边频谱指的是当 n 为任何值时(所有频率,正的和负的),$|F_n|$ 和 φ_n 的图形表示。

为此编写了计算任意周期信号频谱的通用函数 ZQXHFS( )。只要输入信号的第一周期的表达式,以及周期、需要的最高谐波次数,就可以画出原时间波形、信号的单边幅度频谱和相位频谱。

```
function An=ZQXHFS(x,T0,T,N);
% 计算连续周期信号的频谱
% x 为周期信号的第一周期的字符串表达式,T0 为第一周期的起始时间,T 为周期,N 为最高谐波次数
% 例1:计算周期矩形波的频谱
%   T=4;N=30;
%   f='rectpuls(t-1/2)';
%   ZQXHFS(f,-T/2,T,N)
%
t=linspace(T0,T0+T,1000);w=2*pi/T;
f=eval([x]);
for k=0:N
    a(k+1)=2/T*trapz(t,f.*cos(k*w*t));
    b(k+1)=2/T*trapz(t,f.*sin(k*w*t));
end
An=a-j*b;An(1)=a(1)/2;
A= eval([x]) (a-j*b)*180/pi;
A(1)=A(1)/2;
f_max=max(f);f_min=min(f);df=(f_max-f_min)/10;
A_max=max(A);A_min=min(A);dA=(A_max-A_min)/10;
t1=[t,t+T,t+2*T];ft=[f,f,f];
subplot(3,1,1);plot(t1,ft,'LineWidth',2);ylabel('f(t)');
title('周期信号的波形','FontSize',8)
axis([t1(1) t1(end) f_min-df f_max+df]);grid,set(gca,'FontSize',8)
subplot(3,1,2);h=stem(0:N,A,'.');
title('单边幅度频谱','FontSize',8);ylabel('An 的模','FontSize',8);
set(h(2),'Color','r','LineWidth',2),set(h(1),'Color','r','LineWidth',2)
axis([0 N A_min-dA A_max+dA]);grid,set(gca,'FontSize',8)
subplot(3,1,3);h=stem(0:N,P,'.');title('单边相位频谱','FontSize',8)
set(h(2),'Color','r','LineWidth',2),set(h(1),'Color','r','LineWidth',2)
grid,set(gca,'FontSize',8);ylabel('An 的相位(度)');
w=2/T;xw=strcat('n\Omega,  \Omega=',num2str(w),'\pi');xlabel(xw);
```

调用以上函数可以方便地计算画出任意周期信号的频谱。举例说明如下。

例 3.1-2 画出如图 3.1-3 所示周期信号 $f(t)$ 的单边频谱图。最大谐波次数为 25,并将前 25 项合成为原周期函数。

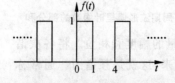

图 3.1-3 周期矩形波信号

解 Matlab 程序如下：

```
% 例 3.1-2 的频谱   e3_1_2.m
T=4;N=25;
y='u(t)-u(t-1)';              % 周期矩形波的第一周期表达式
figure(1)
A_n=ZQXHFS(y,0,T,N)           % 调用周期信号频谱分析函数,积分区间为[0,T]
t=linspace(0,3*T,400);
n=0:N;omega_0=2*pi/T;
y1=A_n*exp(j*omega_0*n'*t);   % 计算前25项的部分和
yt=real(y1);
figure(2),plot(t,yt,'linewidth',2);
title('周期信号合成(前25项的部分和)','FontSize',8)
```

程序运行后显示的图形分别如图 3.1-4、图 3.1-5 所示。

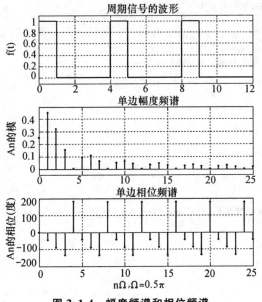
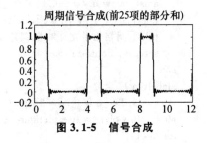

图 3.1-4　幅度频谱和相位频谱　　　　　图 3.1-5　信号合成

3. 周期矩形波信号的频谱研究

例 3.1-3 脉冲幅度为 1、宽度为 τ 的周期矩形脉冲 $f(t)$，其周期为 T，如图 3.1-6 所示。

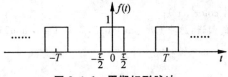

图 3.1-6　周期矩形脉冲

将 $f(t)$ 展开为傅里叶级数的指数形式,可求得傅里叶复系数为

$$\dot{F}_n = \frac{1}{T}\int_{-\frac{\tau}{2}}^{\frac{\tau}{2}} \mathrm{e}^{-jn\Omega t}\mathrm{d}t = \frac{1}{T}\cdot\frac{\mathrm{e}^{-jn\Omega t}}{-jn\Omega}\bigg|_{-\frac{\tau}{2}}^{\frac{\tau}{2}}$$

$$= \frac{2}{T}\cdot\frac{\sin\frac{n\Omega\tau}{2}}{n\Omega} = \frac{\tau}{T}\cdot\frac{\sin\frac{n\Omega\tau}{2}}{\frac{n\Omega\tau}{2}}$$

$$= \frac{\tau}{T}Sa\left(\frac{n\Omega\tau}{2}\right) \quad n = 0, \pm 1, \pm 2, \cdots$$

式中 $\Omega = \frac{2\pi}{T}$ 为基波频率,下面分两种情况来分析周期矩形脉冲的周期 T 和脉冲宽度 τ 对其频谱的影响。

(a) 周期 $T = 16$ s 不变,脉冲宽度 $\tau = 4$ s、2 s、1 s 变化时的频谱。
(b) 脉冲宽度 $\tau = 0.5$ s 不变,周期 $T = 2$ s、5 s、9 s 变化时的频谱。

用 Matlab 编程如下:

```
% 周期矩形波的频谱、周期、脉冲宽度对频谱的影响    e3_1_3.m
tau=[4 2 1];T=16;w=2*pi./T;
n0=-3*pi;n1=3*pi;
n=n0:w:n1;figure(1)
for k=1:3
    F_n=tau(k)/T*Sa(0.5*tau(k).*n);
    subplot(3,1,k),stem(n/w,F_n,'.');
    axis([n0/w n1/w -0.08 0.28]);
    line([n0/w n1/w],[0 0],'color','r');
    title(['周期矩形波的频谱,周期 T=16,脉冲宽度\tau=',num2str(tau(k))],'FontSize',8);
    set(gca,'FontSize',8)
end
xlabel('n')
tau=0.5;T=[3 5 9];w=2*pi./T;
n0=-10*pi;n1=10*pi;figure(2)
for k=1:3
    n=n0:w(k):n1;
    F_n=tau/T(k)*Sa(0.5*tau.*n);
    subplot(3,1,k),stem(n,F_n,'.');
    axis([n0 n1 -0.05 0.2]);
    line([n0 n1],[0 0],'color','r');
    title(['周期矩形波的频谱,脉冲宽度\tau=0.5,周期 T=',num2str(T(k))],'FontSize',8);
    set(gca,'FontSize',8)
end
xlabel('n\Omega')
```

程序运行后显示的频谱图如图 3.1-7 所示。

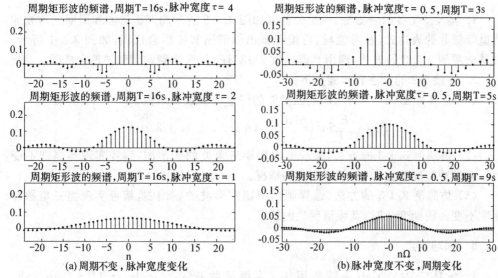

(a) 周期不变，脉冲宽度变化   (b) 脉冲宽度不变，周期变化

图 3.1-7 周期矩形波的频谱

3.1.3 实验内容

5-1 已知周期信号如图 3.1-8 所示。其中 $T=4$ s，$A=1$，试：

(a) 画出两个周期信号的频谱图。

(b) 求傅里叶级数最高谐波次数为 20 的部分和的波形。

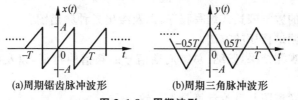

(a) 周期锯齿脉冲波形   (b) 周期三角脉冲波形

图 3.1-8 周期波形

5-2 图 3.1-9 所示为周期三角波信号的波形图。其中，$A=1$，试画出：

(a) 周期 $T=16$ s 不变，三角脉冲宽度 $B=8$ s、4 s、2 s 变化时的频谱。

(b) 三角脉冲宽度 $B=1$ s 不变，周期 $T=2$ s、5 s、9 s 变化时的频谱。

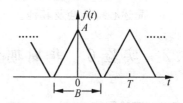

图 3.1-9 周期三角波信号的波形

3.1.4 实验步骤和方法

1. 实验 5-1 有两种方法：一是先计算如图 3.1-8 所示周期锯齿波和周期三角波的傅里叶级数的表达式，参考教材，再编程画出频谱图和波形合成图，如例 3.1-1 所示；二是仿照例 3.1-2 的方法，调用自编函数 ZQXHFS() 画出频谱图和波形合成图。

2. 实验 5-2 的方法和步骤如下：

(1) 计算如图 3.1-9 所示周期三角波的傅里叶级数复系数 $\dot{F}_n$，可以计算得

$$\dot{F}_n = \frac{B}{2T}Sa^2\left(\frac{n\Omega B}{4}\right) \quad (n = 0, \pm 1, \pm 2, \cdots)$$

(2) 仿照例 3.1-3 的方法，编程画出周期三角波的频谱图，编程实现当周期不变而三角脉冲宽度变化时，其频谱变化的情况。

(3) 仿照例 3.1-3 的方法，编程画出周期矩形波的频谱图，编程实现当三角脉冲宽度不变而周期变化时，其频谱变化的情况。

3.1.5 预习要点

1. 学习有关 Matlab 函数的用法。主要函数有 abs, angle, eval([x]), length, num2str, set(gca,'FontSize',8), stem, real, subplot 等。
2. 周期信号的频谱具有什么特性？
3. 什么是连续频谱？什么是离散频谱？
4. 什么是单边频谱？什么是双边频谱？
5. 周期矩形信号的频谱与信号的周期和脉冲宽度有何关系？

3.1.6 实验报告要求

1. 根据求出的数学表达式编写程序，以及绘出各种频谱图。
2. 简述上机调试程序的方法。
3. 根据实验观测结果，归纳、总结周期信号的频谱的特征，以及离散频谱和连续频谱的关系。
4. 分析所画频谱图与理论计算是否一致。
5. 用 Matlab 显示离散频谱图时，横坐标的标注方法。
6. 简述心得体会及其他。

3.2 实验 6 非周期信号的频谱

3.2.1 实验目的

1. 学习用 Matlab 的符号运算功能计算傅里叶变换和反变换的方法。

2. 掌握用 Matlab 绘制非周期信号频谱的数值方法和符号方法。
3. 通过对非周期信号频谱的绘制,加深对傅里叶变换性质的理解。

3.2.2 实验原理与计算示例

1. 傅里叶变换和反变换的符号运算

在 Matlab 的符号运算工具箱中,提供了傅里叶正变换和反变换的函数。正变换的调用格式为

$$F=fourier(f)$$

其中,f 为时间函数的符号表达式;F 为傅里叶变换式,也是符号表达式。

反变换的调用格式为

$$f=ifourier(F)$$

其中,F 为傅里叶变换式的符号表达式;f 为时间函数,是符号形式。

为了改善公式的可读性,Matlab 提供了 pretty 函数,调用格式为

$$Pretty(f)$$

其中,f 为符号表达式。

如已知 $f(t)=e^{-2t}\varepsilon(t)$,求其频谱 $F(j\omega)$。

```
>> syms t w
>> f=sym('exp(-2*t)*Heaviside(t)')
f =
exp(-2*t)*Heaviside(t)
>> F=fourier(f)
F =
1/(2+i*w)
>> pretty(F)
```

$$\frac{1}{2+iw}$$

```
>> f1=ifourier(F,t)
    f1 =
exp(-2*t)*Heaviside(t)
```

例 3.2-1 求如图 3.2-1 所示信号的傅里叶变换。

解 用 Matlab 的符号运算功能可以很方便地求出傅里叶变换,可将计算如图 3.2-1 所示的梯形波可表示为

$$f(t)=(t+2)\varepsilon(t+2)-(t+1)\varepsilon(t+1)$$
$$-(t-1)\varepsilon(t-1)+(t-2)\varepsilon(t-2)$$

用 Matlab 命令计算如下:

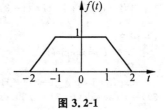

图 3.2-1

```
>>ft=sym('(t+2)*Heaviside(t+2)-(t+1)*Heaviside(t+1)-(t-1)*Heaviside(t-1)
+(t-2)*Heaviside(t-2)')
ft =
(t+2)*Heaviside(t+2)-(t+1)*Heaviside(t+1)-(t-1)*Heaviside(t-1)+(t-2)*
Heaviside(t-2)
>> F=fourier(ft)
F =
i*(2*i*exp(2*i*w)*(pi*Dirac(w)-i/w)+exp(2*i*w)*(pi*Dirac(1,w)+i/w^2))+2
*exp(2*i*w)*(pi*Dirac(w)-i/w)-i*(i*exp(i*w)*(pi*Dirac(w)-i/w)+exp(i*w)*(pi
*Dirac(1,w)+i/w^2))-exp(i*w)*(pi*Dirac(w)-i/w)-i*(-i*exp(-i*w)*(pi*Dirac(w)-
i/w)+exp(-i*w)*(pi*Dirac(1,w)+i/w^2))+exp(-i*w)*(pi*Dirac(w)-i/w)+i*(-2*i*
exp(-2*i*w)*(pi*Dirac(w)-i/w)+exp(-2*i*w)*(pi*Dirac(1,w)+i/w^2))-2*exp(-2
*i*w)*(pi*Dirac(w)-i/w)
>> F1=simple(F)
F1 =
-2*(cos(2*w)-cos(w))/w^2
```

其中,Dirac(t)表示冲激函数 $\delta(t)$；Heaviside(t)表示阶跃函数 $\varepsilon(t)$；simple(F)表示对函数 F 进行化简。经过化简后,傅里叶变换为

$$F(j\omega) = \frac{-2(\cos2\omega - \cos\omega)}{\omega^2}$$

与理论计算结果相同。

例 3.2-2 已知信号 $f(t)$ 的频谱 $F(j\omega)$,求时间函数 $f(t)$。

(a) $F(j\omega) = \dfrac{2\sin[3(\omega-2\pi)]}{\omega-2\pi}$; (b) $F(j\omega) = \cos\left(4\omega + \dfrac{\pi}{3}\right)$

解 用 Matlab 的符号运算功能可以很方便地求出傅里叶反变换,本题计算如下。

(a) 求 $F(j\omega) = \dfrac{2\sin[3(\omega-2\pi)]}{\omega-2\pi}$ 的傅里叶反变换。

```
>> syms w t
>> F='2*sin(3*(w-2*pi))/(w-2*pi)'
F =
2*sin(3*(w-2*pi))/(w-2*pi)
>> f=ifourier(F,t)
f =
1/2*exp(2*i*pi*(t+3))*Heaviside(t+3)-1/2*exp(2*i*pi*(t+3))*Heaviside(-t
-3)-1/2*exp(2*i*pi*(t-3))*Heaviside(t-3)+1/2*exp(2*i*pi*(t-3))*Heaviside
(-t+3)
>> f1=simple(f)
f1 =
exp(2*i*pi*(t+3))*Heaviside(t+3)-1/2*exp(2*i*pi*(t+3))-exp(2*i*pi*(t-
3))*Heaviside(t-3)+1/2*exp(2*i*pi*(t-3))
>> f1=simple(f1)
f1 =
exp(i*pi*t)^2*Heaviside(t+3)-exp(i*pi*t)^2*Heaviside(t-3)
```

```
>> f1=simple(f1)
f1 =
-exp(i*pi*t)^2*(-Heaviside(t+3)+Heaviside(t-3))
>> f1=simple(f1)
f1 =
exp(2*i*pi*t)*(Heaviside(t+3)-Heaviside(t-3))
```

经过四次化简,原函数为 $f(t)=e^{j2\pi t}[\varepsilon(t+3)-\varepsilon(t-3)]$ 与理论计算结果相同。

(b) 求 $F(j\omega)=\cos\left(4\omega+\dfrac{\pi}{3}\right)$ 的傅里叶反变换。

```
>> syms w t
>> F='cos(4*w+pi/3)'
F =
    cos(4*w+pi/3)
>> f=ifourier(F,t)
f =
1/4*Dirac(t+4)+1/4*i*3^(1/2)*Dirac(t+4)+1/4*Dirac(t-4)-1/4*i*3^(1/2)*Dirac(t-4)
```

表达式为 $f(t)=\dfrac{1}{4}\delta(t+4)(1+j\sqrt{3})+\dfrac{1}{4}\delta(t-4)(1-j\sqrt{3})$ 与理论计算结果相同。

2. 傅里叶变换的数值计算

严格说来,若要分析连续信号,必须使用符号工具箱(symbolic box)。为了更好地体会 Matlab 的数值计算功能,特别是其强大的矩阵运算能力,我们给出连续信号傅里叶变换的数值计算方法。其算法的理论依据为

$$F(j\omega)=\int_{-\infty}^{+\infty}f(t)e^{-j\omega t}dt=\lim_{\tau\to 0}\sum_{n=-\infty}^{n=+\infty}f(n\tau)e^{-j\omega n\tau}\tau \qquad (3.2-1)$$

对于一大类信号,当取 τ 足够小时,式(3.2-1)的近似情况可以满足实际需要。若信号 $f(t)$ 是时限的,或当 $|t|$ 大于某个给定值时,$f(t)$ 的值已衰减得很厉害,可以近似地看成时限信号时,则式(3.2-1)中的 n 取值就是有限的,设为 N,有

$$F(k)=\tau\sum_{n=0}^{N-1}f(n\tau)e^{-j\omega_k n\tau},0\leqslant k\leqslant N \qquad (3.2-2)$$

式(3.2-2)是对式(3.2-1)中的频率进行取样,通常

$$\omega_k=\dfrac{2\pi}{N\tau}k$$

采用 Matlab 实现式(3.2-1)时,其要点是要正确生成 $f(t)$ 的 N 个样本 $f(n\tau)$ 的向量 f 及向量 $e^{-j\omega_k n\tau}$,两向量的内积(即两矩阵的乘积)结果即完成式(3.2-1)的计算。

为此编写了计算任意非周期信号频谱的通用函数 CXHFT( )。只要输入信号的表达式,以及原信号的时间范围和频谱的频率范围,就可以画出原时间波形以及信号

的幅度频谱和相位频谱。

```
function y=CXHFT(x,tn,wn);
% 计算连续非周期信号的频谱
% x 为非周期信号的字符串表达式,tn 为时间信号的起始时间和终止时间,wn 为显示频谱的范围
% 例 1:计算任意三角波的频谱
% f='tripuls(t,4,0.5)';t=[-3,3];w=[-15,15];
% CXHFT(f,t,w)
t1=tn(1);
t2=tn(2);
w1=wn(1);
w2=wn(2);
t=t1:0.01:t2;
N=500;W=6*pi*2;k=-N:N;w=k*W/N;
ft=eval([x]);
fmax=max(ft);
fmin=min(ft);df=(fmax-fmin)*0.1
F=ft*exp(-j*t'*w)*0.01;
F1=abs(F);Fmax=max(F1);Fmin=min(F1);dF=(Fmax-Fmin)*0.1;
P1=angle(F)*180/pi;Pmax=max(P1);Pmin=min(P1);
subplot(3,1,1),plot(t,ft,'linewidth',2),grid;ylabel('f(t)'),
title('连续信号 f(t)的波形','FontSize',8);
axis([t1,t2,fmin-df,fmax+df]);set(gca,'FontSize',8)
subplot(3,1,2),plot(w,F1,'linewidth',2),grid;ylabel('F(jw)的模'),
title('连续信号的幅度频谱','FontSize',8);
axis([w1,w2,Fmin-dF,Fmax+dF]);
if Fmin>=0
    F0=(Fmax-Fmin)/2;
else
    F0=0;
end
set(gca,'Ytick',[Fmin,F0,Fmax],'FontSize',8)
subplot(3,1,3),plot(w,P1,'linewidth',2),grid;xlabel('\omega'),ylabel('相位(度)');
axis([w1,w2,Pmin-45,Pmax+45]);title('连续信号的相位频谱','FontSize',8);
if Pmin>=0
    P0=(Pmax-Pmin)/2;
else
    P0=0;
end
if round(Pmin)~=round(Pmax)
    set(gca,'Ytick',[round(Pmin),P0,round(Pmax)],'FontSize',8)
end
```

调用以上函数可以方便地计算并画出任意非周期信号的频谱。

例 3.2-3　两个非周期信号如图 3.2-2 所示。用 Matlab 画出其频谱图。

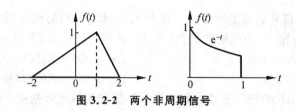

图 3.2-2 两个非周期信号

Matlab 程序如下：

```
% 非周期信号的频谱图   e3_2_3.m
f='tripuls(t,4,0.5)';t=[-3,3];w=[-15,15];   % 信号的表达式,时间区间,频率区间。
figure(1)
CXHFT(f,t,w)
f='exp(-t).*(u(t)-u(t-1))';t=[-1,2];w=[-35,35]; % 信号的表达式,时间区间,
频率区间。
figure(2)
CXHFT(f,t,w)
```

程序运行后显示的图形如图 3.2-3 所示。

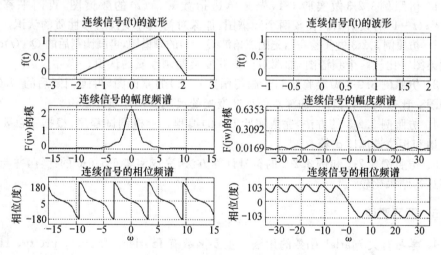

图 3.2-3 非周期信号的频谱图

3.2.3 实验内容

6-1 考虑非周期连续时间信号如单边指数,将其平移后观察其频谱的变化。验证傅里叶变换的时移性质。

6-2 考虑非周期连续时间信号如三角波,将其调制为 $f(t)=Q_\tau(t)\cos\omega_0 t$,观察其频谱的变化。验证傅里叶变换的调制性质。

6-3 考虑非周期连续时间信号如门函数,对其进行尺度变换后观察其频谱的变化。验证傅里叶变换的尺度变换性质。

6-4 求下列信号的傅里叶变换。画出 $f_1(t)$ 和 $f_2(t)$ 的幅度谱和相位谱,并进行比较。画出 $f_3(t)$ 和 $f_4(t)$ 的幅度谱和相位谱,并进行比较。(令 $A=2, a=3$)

(a) $f_1(t) = Ae^{-at}\varepsilon(t)$; (b) $f_2(t) = Ae^{at}\varepsilon(-t)$;
(c) $f_3(t) = e^{-a|t|}$; (d) $f_4(t) = Ae^{-at}\varepsilon(t) - Ae^{at}\varepsilon(-t)$。

6-5 用 Matlab 的符号运算功能计算下列信号的傅里叶变换 $F(j\omega)$。

(a) $f(t) = e^{-2|t-1|}$; (b) $f(t) = e^{-2t}\cos(2\pi t)\varepsilon(t)$;
(c) $f(t) = \dfrac{\sin 2\pi(t-2)}{\pi(t-2)}$; (d) $f(t) = G_1(t-0.5)$。

6-6 用 Matlab 的符号运算功能计算下列频谱 $F(j\omega)$ 的傅里叶反变换 $f(t)$。

(a) $F(j\omega) = \dfrac{j\omega}{1+\omega^2}$; (b) $F(j\omega) = \dfrac{e^{-j2\omega}}{1+\omega^2}$;
(c) $F(j\omega) = G_2(\omega+5) + G_2(\omega-5)$; (d) $F(j\omega) = \dfrac{2\sin^2\omega}{\omega^2}$。

3.2.4 实验步骤和方法

1. 仿照例 3.2-3 做实验 6-1,先画单边指数 $e^{-t}\varepsilon(t)$ 的频谱图,再画平移后的 $e^{-(t+1)}\varepsilon(t+1)$ 的频谱图。比较两个频谱图,加深对傅里叶变换时移性质的认识。

2. 仿照例 3.2-3 做实验 6-2,先画三角波 $Q_{2.5}(t)$ 的频谱图,再画调制后的 $Q_{2.5}(t)\cos 10t$ 的频谱图。比较两个频谱图,加深对傅里叶变换调制性质的认识。

3. 仿照例 3.2-3 做实验 6-3,先画门函数 $G_2(t)$ 的频谱图,再画调制后的 $G_4(t)$ 的频谱图。比较两个频谱图,加深对傅里叶变换的尺度变换性质的认识。

4. 仿照例 3.2-3 的方法,完成实验 6-4 的编程。上机调试程序,根据题目要求对幅度谱和相位谱加以比较。

5. 仿照例 3.2-1 和例 3.2-2 的符号计算方法,完成实验 6-5、6-6 的计算,并与理论计算进行结果比较。

3.2.5 预习要点

1. 学习有关 Matlab 函数的用法。主要函数有 fourier, ifourier, pretty, Heaviside, Dirac, round, abs, angle, simple 等。

2. 复习有关傅里叶变换的性质。信号平移则幅度频谱和相位频谱会改变吗?什么是调制性质?信号的尺度变换对频谱带宽有何影响?

3. 学习有关 Matlab 编写函数的方法。如何将使用率较高的程序改编成通用函数?

4. 进一步学习 Matlab 的符号运算功能,学习化简函数的方法,以及奇异函数的表示方法。

3.2.6 实验报告要求

1. 根据实验内容编写程序,以及绘出各种波形图和频谱图。

2. 对各种频谱图加以比较说明,并用理论计算结果进行验证。
3. 根据实验归纳、总结出用 Matlab 绘制信号频谱图的方法。
4. 简述心得体会及其他。

3.3 实验7 连续系统的频域分析

3.3.1 实验目的

1. 学习用 Matlab 编程分析简单连续系统(如 RC 低通滤波器、RLC 串联电路等)频率特性(包括幅频特性和相频特性)的方法。
2. 学习用实际电路测试 RC 低通滤波器的频率特性,掌握其滤波特点,并与采用 Matlab 分析所得的结果相比较。观察周期矩形波通过该滤波器的响应。
3. 学习用实际电路测试 RLC 串联电路的频率特性,掌握其谐振特点,并与采用 Matlab 分析所得的结果相比较。

3.3.2 实验原理与计算示例

1. RC 低通滤波器的频率特性

RC 低通滤波器的电路如图 3.3-1(a)所示。

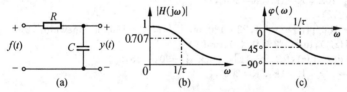

图 3.3-1 RC 低通滤波器及频率响应

其频率响应特性为

$$H(\mathrm{j}\omega) = \frac{Y(\mathrm{j}\omega)}{F(\mathrm{j}\omega)} = \frac{\frac{1}{\mathrm{j}\omega C}}{R + \frac{1}{\mathrm{j}\omega C}} = \frac{1}{1 + \mathrm{j}\omega RC} = \frac{1}{1 + \mathrm{j}\omega\tau}, \quad \text{其中 } \tau = RC$$

幅频特性为

$$|H(\mathrm{j}\omega)| = \frac{1}{\sqrt{1 + \omega^2\tau^2}}$$

相频特性为

$$\varphi(\omega) = -\tan^{-1}(\omega\tau)$$

由以上两式可定性作出其幅频特性图,如图 3.3-1(b)所示;其相频特性图,如图 3.3-1(c)所示。由图 3.3-1(b)可知,该电路对角频率小于 $1/\tau$ 的信号抑制相对较小,而对角频率大于 $1/\tau$ 的信号抑制相对较大,故该电路为低通型的;由图 3.3-1(c)可知,信号各频率分量通过该电路后,都有 0~90°的相位滞后,故该电路又为一相位滞后电路。

例 3.3-1 考虑如图 3.3-1(a)所示的 RC 电路,已知 $R=10$ kΩ、1 kΩ、200 Ω,$C=0.1$ μF。画出这三种情况的 RC 电路幅频特性和相频特性。

解 Matlab 程序如下:

```
% 画 RC 电路的频谱         e3_3_1.m
f0=0;f1=10000;f=f0:20:f1;
R=1e4;C=0.1e-6;
fc1=round(1./(R*C*2*pi));
H=1./(1+j*2*pi*f*R*C);
Hw1=abs(H);
P1=angle(H);
R=1000;C=0.1e-6;
fc2=round(1./(R*C*2*pi));
H=1./(1+j*2*pi*f*R*C);
Hw2=abs(H);
P2=angle(H);
R=200;C=0.1e-6;
fc3=round(1./(R*C*2*pi));
H=1./(1+j*2*pi*f*R*C);
Hw3=abs(H);
P3=angle(H);
subplot(1,2,1),plot(f,Hw1,'r--',f,Hw2,'k:',f,Hw3,'linewidth',2);
xlabel('f(Hz)');title('幅频特性'),grid
set(gca,'Xtick',[fc1,fc2,fc3,f1],'Ytick',[0,0.707,1])
legend('R=10k','R=1k','R=200',1)
subplot(1,2,2),
plot(f,P1*180/pi,'r--',f,P2*180/pi,'k:',f,P3*180/pi,'linewidth',2)
xlabel('f(Hz)');title('相频特性'),grid
set(gca,'Xtick',[fc1,fc2,fc3,f1],'Ytick',[-90,-45,0])
legend('R=10k','R=1k','R=200',1)
```

程序运行后显示的图形如图 3.3-2 所示。

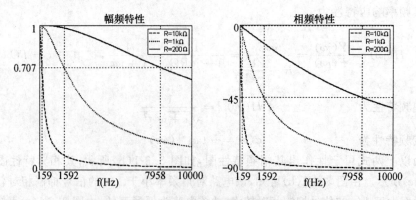

图 3.3-2 RC 电路的幅频特性和相频特性

2. 周期矩形波通过 RC 低通滤波器的响应

非正弦周期信号可表示为傅里叶级数的指数形式,即

$$f(t) = \sum_{n=-\infty}^{+\infty} \dot{F}_n e^{jn\Omega t}$$

由该式可知,当输入信号为 $e^{jn\Omega t}$ 时,输出信号应为 $H(jn\Omega)e^{jn\Omega t}$。因此,应用叠加性质,当输入信号为 $f(t)$ 时,则响应为

$$y(t) = \sum_{n=-\infty}^{+\infty} H(jn\Omega) \dot{F}_n e^{jn\Omega t}$$

其中,$\dot{F}_n$ 为输入信号 $f(t)$ 的频谱,令

$$\dot{Y}_n = H(jn\Omega)\dot{F}_n$$

为输出信号 $y(t)$ 的频谱。

所以,求解非正弦周期信号激励时的响应通常采用傅里叶级数的分析方法。关键是先求得输入信号的频谱 $\dot{F}_n$(傅里叶级数的复系数)和频域系统函数 $H(j\omega)$ 或 $H(jn\Omega)$。由于这类计算通常比较烦琐,因此最适合用 Matlab 来计算。

例 3.3-2 考虑如图 3.3-1(a)所示的 RC 电路,已知 $R=10$ kΩ、1 kΩ、200 Ω,$C=0.1$ μF。若输入信号为周期矩形脉冲波,如图 3.3-3 所示。其中,周期 $T=1$ ms,脉冲宽度 $\tau=0.5$ ms。求系统响应 $y(t)$。

解 输入信号的频谱为

$$\dot{F}_n = \frac{\tau}{T} Sa\left(\frac{n\Omega\tau}{2}\right) \quad (n=0,\pm 1,\pm 2,\cdots)$$

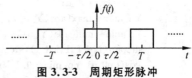

图 3.3-3 周期矩形脉冲

式中:$\tau/T=0.5$,基波频率 $\Omega=2\pi/T=2000\pi$,因此,有

$$\dot{F}_n = 0.5 Sa\left(\frac{n\pi}{2}\right) \quad (n=0,\pm 1,\pm 2,\cdots)$$

RC 电路的频率响应为

$$H(j\omega) = \frac{1/RC}{j\omega + 1/RC}$$

因此,

$$H(jn\Omega) = \frac{1/RC}{jn\Omega + 1/RC}$$

输出信号的频谱为

$$\dot{Y}_n = H(jn\Omega)\dot{F}_n = \frac{1/RC}{jn\Omega + 1/RC} 0.5 Sa\left(\frac{n\pi}{2}\right)$$

系统响应为

$$y(t) = \sum_{n=-\infty}^{+\infty} \dot{Y}_n e^{jn\Omega t}$$

用 Matlab 可以画出当 $R=10$ kΩ、1 kΩ、200 Ω 时的输出信号的幅度频谱 $|\dot{Y}_n|$。程序如下：

```
%画RC滤波器的幅度频谱     e3_3_2a.m
tau_T=1/2;
n0=-20;n1=20;
n=n0:n1;
RC_n=[1e4 1000 200]*0.1e-6;              % R=10kΩ,1kΩ,200Ω,C=0.1μF
N=length(RC_n);
fc=round(1./(RC_n*2*pi));                % 计算截止频率
F_n=tau_T*Sa(tau_T*pi*n);                % 计算F_n
    subplot(4,1,1),stem(n,abs(F_n),'.');
    Yn_max=max(abs(F_n));
    Yn_min=min(abs(F_n));
    axis([n0 n1 Yn_min-0.1 Yn_max+0.1]);
    line([n0 n1],[0 0],'color','r');
    ylabel('输入幅度谱')
for k=1:N
    RC=RC_n(k);                          % RC赋值
    %B=num2str(1/RC_n(k))
    H=(1/RC)./(j*n*1000*2*pi+1/RC);      % 计算系统函数 H(jnw)
    Y_n=H.*F_n;                          % 计算Y_n
    Yn_max=max(abs(Y_n));
    Yn_min=min(abs(Y_n));
    subplot(N+1,1,k+1),stem(n,abs(Y_n),'.');
    axis([n0 n1 Yn_min-0.1 Yn_max+0.1]);
    text(-15,0.4,strcat('fc=',num2str(fc(k)),'Hz'));
    line([n0 n1],[0 0],'color','r');
    ylabel('输出幅度谱')
end
```

程序运行后画出的图形如图 3.3-4 所示。从该幅度频谱图可知，频带越宽，输出的低频部分的频率分量幅值越大。

再用 Matlab 可以画出当 $R=10$ kΩ、1 kΩ、200 Ω 时的输出信号的时域波形。取最高谐波次数为 $N=20$。程序如下：

```
%画RC滤波器的输出信号y(t)   e3_3_2b.m
tau_T=1/2;t0=1.5e-3;
t=-t0:.002e-3:t0;
f=rectpuls(t,0.5e-3)+rectpuls(t+1e-3,0.5e-3)+rectpuls(t-1e-3,0.5e-3)
subplot(4,1,1),plot(t,f,'linewidth',2);
axis([-t0 t0 -0.5 1.5]);
```

```
ylabel('f(t)')
omega_0=1000*2*pi;                        % 基波频率 f=1000Hz
RC_n=[1e4 1000 200]*0.1e-6;               % R=10kΩ,1kΩ,200Ω,C=0.1μF
fc=round(1./(RC_n*2*pi))                  % 计算截止频率
N=length(RC_n);
n=[-20:20];                               % 计算谐波次数 20
F_n=tau_T*Sa(tau_T*pi*n);                 % 计算 F_n
for k=1:N
    RC=RC_n(k);                           % RC 赋值
    H=(1/RC)./(j*n*omega_0+1/RC);         % 计算系统函数 H(jnw)
    Y_n=H.*F_n;                           % 计算 Y_n
    y=Y_n*exp(j*omega_0*n'*t);            % 计算前20项的部分和
    subplot(N+1,1,k+1),plot(t,real(y),'linewidth',2);
    axis([-t0 t0 -0.5 1.5]);
    text(-t0+0.3e-3,-0.2,strcat('fc=',num2str(fc(k)),'Hz'));
    ylabel('y(t)'),xlabel('t(sec)')
end
```

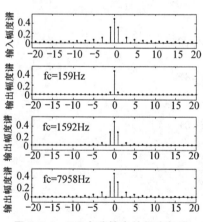

图 3.3-4 RC 电路输出的幅度频谱

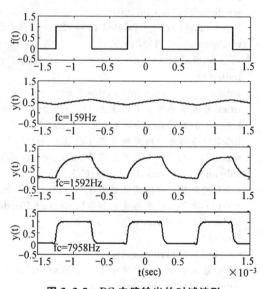

图 3.3-5 RC 电路输出的时域波形

程序运行后画出的输出信号 $y(t)$ 的波形如图 3.3-5 所示。从该时域波形图中可知,频带越宽,输出的波形越接近输入信号的波形。

3. 非周期信号通过 RC 低通滤波器的响应

频域分析的方法的求解步骤为:

(1) 先求出输入信号的频谱 $F(j\omega)$ 和频域系统函数 $H(j\omega)$;

(2) 求出输出信号的频谱 $Y(j\omega)=H(j\omega)F(j\omega)$;

(3) 将 Y(jω)进行傅里叶反变换就得到 y(t)。

举例说明如下。

例 3.3-3 考虑如图 3.3-1(a)所示的 RC 电路,若输入信号为矩形脉冲波

$$f(t)=\varepsilon(t)-\varepsilon(t-1)$$

求带宽 $1/RC=1$ 和 $1/RC=10$ 两种情况下的系统响应。

解 用 Matlab 的符号运算方法编程如下:

```
% 非周期信号激励的系统响应   e3_3_3.m
syms w t
f=sym('Heaviside(t)-Heaviside(t-1)');
F=fourier(f);F=simple(F);
H1='1/(j*w+1)';H2='10/(j*w+10)';
Y1=H1*F;Y2=H2*F;
y1=ifourier(Y1,t);y2=ifourier(Y2,t);
y1=simple(y1);y2=simple(y2);
w=linspace(0,8*pi,300);
F_n=subs(F);Y1_n=subs(Y1);Y2_n=subs(Y2);
t=linspace(-0.2,3,300);
y1_n=subs(y1);y2_n=subs(y2);f_n=subs(f);
figure(1)
subplot(3,1,1),myplot(w,abs(F_n)),
title('输入信号的幅度频谱图 |F(\omega)|','FontSize',8)
subplot(3,1,2),myplot(w,abs(Y1_n))
title('响应信号的幅度频谱图 |Y(\omega)|','FontSize',8)
text(13,0.7,'RC 电路截止频率\omegac=1rad/s')
subplot(3,1,3),myplot(w,abs(Y2_n))
title('响应信号的幅度频谱图 |Y(\omega)|','FontSize',8)
text(13,0.7,'RC 电路截止频率\omegac=10rad/s')
xlabel('\omega(rad/s)')
figure(2)
subplot(3,1,1),myplot(t,f_n),
title('输入信号的时域波形 f(t)','FontSize',8)
subplot(3,1,2),myplot(t,y1_n)
title('响应信号的时域波形 y(t)','FontSize',8)
text(1.5,0.5,'RC 电路截止频率\omegac=1rad/s')
subplot(3,1,3),myplot(t,y2_n)
title('响应信号的时域波形 y(t)','FontSize',8)
text(1.5,0.7,'RC 电路截止频率\omegac=10rad/s')
xlabel('Time(sec)')
```

程序运行后显示的输入和响应的频谱图如 3.3-6 所示。输入和响应的时域波形如图 3.3-7 所示。

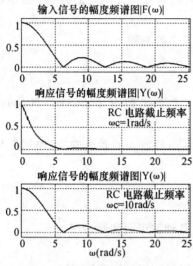

图 3.3-6 输入和响应的频谱

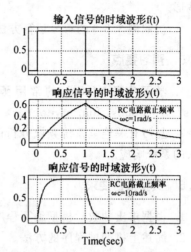

图 3.3-7 输入和响应的时域波形

3.3.3 实验内容

7-1 将图 3.3-1(a)中的输入信号换成如图 3.3-8 所示的周期锯齿波。分别用 Matlab 分析当 $1/RC=1$、10、100 时的频谱和系统响应。

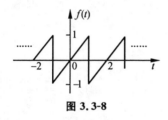

图 3.3-8

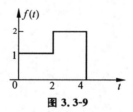

图 3.3-9

7-2 考虑如图 3.3-1(a)所示的 RC 电路,若输入信号如图 3.3-9 所示。分别求带宽 $1/RC=1$ 和 $1/RC=10$ 两种情况下的频谱和系统响应,并比较带宽与上升时间的关系。

3.3.4 实验步骤和方法

1. 求出如图 3.3-8 所示的周期信号的周期的频谱,可以计算得

$$\dot{F}_n = (-1)^n \frac{j}{n\pi}$$

基波频率 $\Omega = \dfrac{2\pi}{T} = \pi$ rad/s。

2. 仿照程序 e3_3_2a.m,对实验 7-1 编程,画出输入和三种截止频率下输出的频谱图。

3. 仿照程序 e3_3_2b.m,对实验 7-1 编程,画出输入和三种截止频率下输出的时域波形。

4. 仿照例 3.3-3 的符号运算方法,完成实验 7-2 的编程。

3.3.5 预习要点

1. 学习有关 Matlab 的常用函数的用法。主要函数有 num2str, Heaviside, syms, sym, subs, fourier, ifourier, simple 等。

2. 复习有关连续系统频域分析的知识。周期信号输入的系统响应,非周期信号输入的系统响应。

3.3.6 实验报告要求

1. 根据求出的数学模型编写程序,以及绘出各种波形图和频谱图。
2. 简述上机调试程序的方法。
3. 根据实验归纳、总结出用 Matlab 计算连续系统频域分析的方法。
4. 简述心得体会及其他。

连续信号和系统的复频域分析

本章主要介绍连续信号和系统的复频域分析的 Matlab 实现方法。用拉普拉斯变换分析任意信号输入时的系统响应。掌握 Matlab 的拉普拉斯变换和反变换的应用。进一步了解用 Matlab 计算复杂系统的方法。通过 Matlab 对连续系统的零极点分布与时域响应、频率响应关系的研究,加深对系统稳定性的概念、滤波器的滤波概念的理解。

4.1 实验8 用拉普拉斯变换分析系统

4.1.1 实验目的

1. 用拉普拉斯变换分析任意信号输入时的系统响应。掌握 Matlab 的拉普拉斯变换和反变换的应用。进一步了解用 Matlab 计算复杂系统的方法。

2. 学习用 Matlab 计算周期信号输入时的系统稳态响应的方法。加深对系统自由响应、强迫响应和暂态响应、稳态响应的理解。

4.1.2 实验原理与计算示例

1. 拉普拉斯变换和反变换的符号运算

在 Matlab 的符号运算工具箱中,提供了拉普拉斯正变换和反变换的函数。
正变换的调用格式为

$$F = \mathrm{laplace}(f)$$

其中,f 为时间函数的符号表达式,F 为拉普拉斯变换式,也是符号表达式。

反变换的调用格式为

$$f=\text{ilaplace}(F)$$

其中,F 为拉普拉斯变换式的符号表达式,f 为时间函数,是符号形式。

为了改善公式的可读性,Matlab 提供了函数 pretty,调用格式为

$$\text{pretty}(f)$$

其中,f 为符号表达式。

如已知象函数 $F(s)=\dfrac{s^2}{s^2+1}$,求原函数 $f(t)$,再求拉普拉斯变换。

```
>> F=sym('s^2/(s^2+1)')
F =
s^2/(s^2+1)
>> f=ilaplace(F)
f =
Dirac(t)-sin(t)
>> F1=laplace(f)
F1 =
1-1/(s^2+1)
>> F1=simplify(F1)
F1 =
s^2/(s^2+1)
```

2. 任意信号输入的零状态响应

对于线性非时变系统的零状态响应,在时域中可用卷积积分求得

$$y_{zs}(t)=h(t)*f(t)$$

式中:$h(t)$ 是系统的冲激响应,$f(t)$ 为输入信号。根据拉普拉斯变换的时域卷积定理,有

$$Y_{zs}(s)=H(s)F(s)$$

因此,

$$h(t) \Leftrightarrow H(s)$$

而

$$H(s)=\dfrac{Y_{zs}(S)}{F(s)}$$

是冲激响应的象函数,称为系统函数。求出系统函数 $H(s)$ 后利用 $Y_{zs}(s)=H(s)F(s)$ 求得零状态响应的象函数,再进行拉普拉斯反变换就求出系统在任意信号输入时的零状态响应。

例 4.1-1 电路如图 4.1-1(a)所示,电感的初始电流为零,$u_2(t)$ 为响应。

(a) 若激励信号 $f(t)=f_1(t)$,如图 4.1-1(b),求电路的零状态响应并画出波形;

(b) 若激励信号 $f(t)=f_2(t)$,如图 4.1-1(c),求电路的零状态响应并画出波形。

4 连续信号和系统的复频域分析

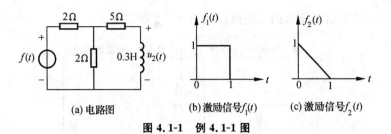

(a) 电路图　　(b) 激励信号 $f_1(t)$　　(c) 激励信号 $f_2(t)$

图 4.1-1　例 4.1-1 图

解　用 Matlab 计算的程序如下：

```
% 用拉普拉斯变换计算电路    e4_1_1.m
syms Z I Us s;
Z=[4 -2;-2 7+0.3*s];              % 阻抗矩阵
Us=[1/s-1/s*exp(-s) 0]';          % 电压源列向量
I=Z\Us;                           % 解线性方程组,求电流 I
U2=0.3*s*I(2);                    % 计算输出电压 u2
u21=ilaplace(U2);                 % 拉普拉斯反变换
t=0:0.005:2;
y=subs(u21);                      % 将符号表达式中的 t 代换后得其数值
subplot(1,2,1),plot(t,y,'linewidth',2);
axis([0 2 -0.55 0.55]);xlabel('t(sec)');
title('输入为矩形波的响应');
Us=[1/s-1/s^2*(1-exp(-s)) 0]';    % 电压源列向量
I=Z\Us;                           % 解线性方程组,求电流 I
U2=0.3*s*I(2);                    % 计算输出电压 u2
u22=ilaplace(U2);                 % 拉普拉斯反变换
t=0:0.005:2;
y=subs(u22);
subplot(1,2,2),plot(t,y,'linewidth',2);
title('输入为三角波的响应');
axis([0 2 -0.1 0.51]);xlabel('t(sec)');
disp('输入为矩形波的响应');
pretty(u21);
disp('输入为三角波的响应');
pretty(u22);
```

程序运行后系统在命令窗口显示：

输入为矩形波的响应

1/2 exp(−20t)−1/2 Heaviside(t−1) exp(−20t+20)

输入为三角波的响应

21/41exp(−20t)−1/40+1/40 Heaviside(t−1)
　−1/40 Heaviside(t−1) exp(−20t+20)

在两种输入信号作用下显示的响应波形如图 4.1-2 所示。

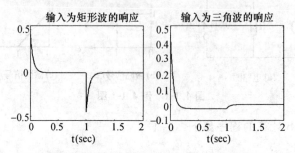

图 4.1-2 矩形波和三角波输入时的响应

3. 周期信号输入的稳态响应

若线性非时变系统的系统函数

$$H(s) = H_0 \frac{\prod_{i=1}^{m}(s-z_i)}{\prod_{j=1}^{n}(s-p_j)} \tag{4.1-1}$$

式中：z_j 表示 $H(s)$ 的第 j 个零点，p_i 表示 $H(s)$ 的第 i 个极点。有 n 个单极点。

设输入信号 $f(t)$ 的拉普拉斯变换为

$$F(s) = F_0 \frac{\prod_{l=1}^{u}(s-z_l)}{\prod_{k=1}^{v}(s-p_k)} \tag{4.1-2}$$

式中：z_l 表示 $H(s)$ 的第 l 个零点，p_k 表示 $H(s)$ 的第 k 个极点。有 v 个单极点。

若 $H(s)$ 与 $F(s)$ 没有相同的极点，系统的零状态响应表示为

$$Y_{zs}(s) = H(s)F(s) = K \frac{\prod_{j=1}^{m}(s-z_j)}{\prod_{i=1}^{n}(s-p_i)} \cdot \frac{\prod_{l=1}^{u}(s-z_l)}{\prod_{k=1}^{v}(s-p_k)} = \sum_{i=1}^{n}\frac{K_i}{s-p_i} + \sum_{k=1}^{v}\frac{K_k}{s-p_k}$$

$$\tag{4.1-3}$$

由式(4.1-3)可知，$Y_{zs}(s)$ 的极点包括两部分：一部分是 $H(s)$ 的极点 p_i；另一部分是 $F(s)$ 的极点 p_k。对式(4.1-3)进行拉普拉斯反变换，可得系统的零状态响应为

$$y_{zs}(t) = y_h(t) + y_p(t) = \sum_{i=1}^{n}K_i e^{p_i t} + \sum_{k=1}^{v}K_k e^{p_k t} \tag{4.1-4}$$

由式(4.1-4)可以看到，$y_{zs}(t)$ 由两部分组成：前一部分 $y_h(t)$ 为自由响应，由系统函数的极点所形成；后一部分 $y_p(t)$ 为强迫响应，由激励函数的极点所形成。当输入信号为周期信号系统，而且又是稳定时，自由响应就是暂态响应，强迫响应 $y_p(t)$ 就是稳态响

应 $y_{ss}(t)$。

对于线性时不变因果的稳态系统,$H(s)$的极点应为负实部。当 $t \to \infty$ 时,暂态响应将趋于 0,即

$$\lim_{t \to \infty} y_h(t) = 0$$

$Y_{ss}(s)$ 为激励函数 $F(s)$ 的极点决定的响应,即稳态响应(强迫响应)。

例 4.1-2 已知某系统的冲激响应 $h(t) = e^{-t}\varepsilon(t)$,输入信号 $f(t)$ 如图 4.1-3(a)所示,试求系统的零状态响应 $y(t)$ 以及稳态响应的波形。

解 用 Matlab 计算的程序如下:

```
% 用拉普拉斯变换计算电路   e4_1_2.m
syms s
H=1/(s+1);                                    % 计算系统函数 H(s)
F1=1/s*(1+exp(-s)-2*exp(-2*s));               % 计算输入信号第一个周期的象函数
% 计算输入信号五个周期的象函数
F=F1+F1*exp(-3*s)+F1*exp(-6*s)+F1*exp(-9*s)+F1*exp(-12*s);
Y=H.*F;                                       % 响应 Y(s)
Y1=H.*F1;                                     % 响应第一个周期 Y₁(s)
y=ilaplace(Y);                                % 响应的拉普拉斯反变换 y(t)
y=simple(y);
t=0:0.02:9;
f=u(t)+u(t-1)-2*u(t-2)+u(t-3)+u(t-4)-2*u(t-5)+u(t-6)+u(t-7)-2*u(t-8);
yn=subs(y);
subplot(2,1,1),plot(t,f,'linewidth',2);
line([0 9],[0 0],'color','r');
axis([0 9 -0.5 2.2]);xlabel('t(sec)');ylabel('f(t)')
subplot(2,1,2),plot(t,yn,'linewidth',2);hold on
plot(t,f,'k:'),hold off
line([0 9],[0 0],'color','r');
axis([0 9 -0.5 2.2]);xlabel('t(sec)');ylabel('y(t)')
t=12:14;                                      % 响应第五个周期的时间
ys=subs(y,t,'t');                             % 第五个周期的三个值
disp('输入为周期信号的响应第一个周期');
y1=ilaplace(Y1);                              % 响应第一个周期反变换 y₁(t)
pretty(y1);
disp('输出稳态周期信号的三个值');
ys
```

程序运行后系统在命令窗口显示:

```
输入为周期信号的响应第一个周期
   1 - exp(-t) + Heaviside(t - 1) - Heaviside(t - 1) exp(-t + 1)
       - 2 Heaviside(t - 2) + 2 Heaviside(t - 2) exp(-t + 2)
输出稳态周期信号的三个值
ys =
     0.5795    0.8453    1.5752
```

在周期信号输入作用下显示的响应波形如图 4.1-3(b)所示。

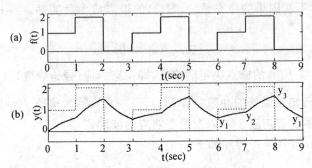

图 4.1-3 输入的周期信号和响应波形

在计算时,认为系统响应到第五个周期,即 $t=12\sim14$ s,系统早已到达稳态。在图 4.1-3(b)中的三个稳态值是:$y_1=y(12)=0.5795$,$y_2=y(13)=0.8453$,$y_3=y(14)=1.5752$。

4.1.3 实验内容

8-1 任意信号输入的零状态响应,已知系统的微分方程为

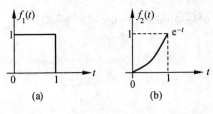

图 4.1-4

$$y''(t)+6y'(t)+5y(t)=2f'(t)+6f(t)$$

(a) 若激励信号 $f(t)=f_1(t)$,如图 4.1-4(a)所示,求系统的零状态响应;

(b) 若激励信号 $f(t)=f_2(t)$,如图 4.1-4(b)所示,求系统的零状态响应。

8-2 周期信号输入的稳态响应,仿照例 4.1-2用 Matlab 计算图 4.1-5(a)所示 RC 电路的响应 $y(t)$。

(a) 求出图 4.1-5(b)所示周期方波电压作用下的零状态响应及稳态响应的波形。

(b) 求出图 4.1-5(c)所示周期锯齿波电压作用下的零状态响应及稳态响应的波形。

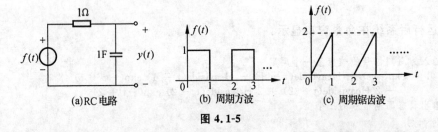

图 4.1-5

4.1.4 实验步骤和方法

1. 求出如图 4.1-4 所示的两个波形的拉普拉斯变换的表达式。
2. 复习周期信号的拉普拉斯变换，求出如图 4.1-5 所示的周期方波和周期锯齿波的拉普拉斯变换的表达式。
3. 仿照例 4.1-1 的方法，完成实验 8-1 的编程；上机调试程序，观察系统零状态响应波形。
4. 仿照例 4.1-2 的方法，完成实验 8-2 的编程；上机调试程序，观察系统稳态响应波形和稳态值。

4.1.5 预习要点

1. 学习有关 Matlab 函数的用法。主要函数有 laplace，ilaplace，pretty，Heaviside，Dirac，simple，simplify 等。
2. 学习有关 Matlab 的符号基本运算。如对符号矩阵进行加、减、乘、除运算，符号代数方程的解法，符号矩阵的拉普拉斯变换和反变换。
3. 对于任意信号输入时的零状态响应，比较时域分析和拉普拉斯变换分析的特点。
4. 什么是自由响应、强迫响应、暂态响应、稳态响应？
5. 周期信号输入时为什么有稳态响应？
6. 在什么情况下，零状态响应就是强迫响应，也是稳态响应？自由响应是否就是零输入响应？

4.1.6 实验报告要求

1. 在实验内容中详细说明用拉普拉斯变换法分析系统的方法，根据求出的数学模型编写程序。
2. 简述上机调试程序的方法。
3. 根据实验观测结果，归纳、总结任意信号输入的零状态响应和周期信号输入的稳态响应用拉普拉斯变换求解的方法。
4. 简述心得体会及其他。

4.2 实验 9 连续系统的零极点分析

4.2.1 实验目的

1. 学习用 Matlab 绘制连续系统零极点分布图、冲激响应波形、频率响应曲线图。

2. 通过运行系统零极点分布与冲激响应的关系的演示程序,进一步理解系统零极点分布对时域响应的影响,从而建立系统稳定性的概念。

3. 研究系统零极点分布与频率响应的关系,学习用 Matlab 研究频率响应的方法。

4.2.2 实验原理与计算示例

1. 系统函数及其曲面图

系统函数 $H(s)$ 是复变量 s 的复函数,为了便于理解和分析 $H(s)$ 随 s 的变化规律,$H(s)$ 可以写成

$$H(s) = |H(s)| e^{j\varphi(s)}$$

式中:$|H(s)|$ 是复信号 $H(s)$ 的模;$\varphi(s)$ 为 $H(s)$ 的相角,$s=\sigma+j\omega$,即 $|H(s)|$ 和 $\varphi(s)$ 同时也是 σ 和 ω 两个变量的函数,所以可在三维空间中把它表示为随 σ 和 ω 变化的曲面,即曲面图。如已知系统函数

$$H(s) = \frac{s+1}{(s+1)^2 + 4}$$

$H(s)$ 的零极点图和 $|H(s)|$ 的曲面图如图 4.2-1 所示。

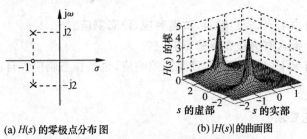

(a) $H(s)$ 的零极点分布图 (b) $|H(s)|$ 的曲面图

图 4.2-1 $H(s)$ 的零极点分布图和曲面图

从图 4.2-1 所示的曲面图可以看出,曲面图在 $s=-1\pm j2$ 处有二个峰点,对应着系统函数的极点位置;而在 $s=-1$ 处有一个谷点,对应着系统函数的零点位置。因此,系统的零极点位置,决定了其曲面图的峰点的谷点位置。

2. 系统零极点分布与冲激响应的关系

已知系统函数为

$$H(s) = \frac{N(s)}{D(s)} = \frac{b_m s^m + b_{m-1} s^{m-1} + \cdots + b_1 s + b_0}{a_n s^n + a_{n-1} s^{n-1} + \cdots + a_1 s + a_0}$$

若分子多项式 $N(s)$ 的阶次高于分母多项式,即 $m \geqslant n$,则 $H(s)$ 可分解为 s 的有理多项式与 s 的有理真分式之和。有理多项式部分比较容易分析,故主要讨论 $H(s)$ 为有理真分式的情况,即上式中 $m<n$ 的情况。

设系统函数 $H(s)$ 具有单极点时,系统函数 $H(s)$ 可按部分分式法展开为

$$H(s) = \sum_{i=1}^{n} \frac{K_i}{s - p_i}$$

系统的冲激响应 $h(t)$ 为

$$h(t) = \sum_{i=1}^{n} K_i e^{p_i t} \varepsilon(t)$$

从上式可知,冲激响应 $h(t)$ 的性质完全由系统函数 $H(s)$ 的极点 p_i 决定。p_i 称为系统的自然频率或固有频率。而待定系数 K_i 由零点和极点共同决定。

系统零极点分布与冲激响应有如下关系：

(1) 极点决定了冲激响应 $h(t)$ 的形式,而各系数 K_i 则由零点和极点共同决定;

(2) 系统的稳定性由极点在 s 平面上的分布决定,而零点不影响稳定性;

(3) 极点分布在 s 左半平面,系统是稳定的。极点在虚轴上有单极点,系统是临界稳定。极点在 s 右半平面或在虚轴上有重极点,系统不稳定。

Matlab 提供了画系统零极点图的函数。其一般调用形式为

$$\text{pzmap(num,den)}$$

Matlab 提供了画系统冲激响应的函数。其一般调用形式为

$$\text{impulse(num,den,t)}$$

Matlab 提供了画系统阶跃响应的函数。其一般调用形式为

$$\text{step(num,den,t)}$$

其中,num 为系统函数 $H(s)$ 的有理多项式中分子多项式的系数向量;den 为分母多项式的系数向量;t 为时间抽样点向量。

例 4.2-1 已知系统函数为

$$H(s) = \frac{s^2 - 2s + 0.8}{s^3 + 2s^2 + 2s + 1}$$

试用 Matlab 画出系统的零极点分布图、冲激响应波形、阶跃响应的波形。

解 Matlab 的程序如下：

```
% 画零极点分布图、冲激响应、阶跃响应 e4_2_1.m
num=[1 -2 0.8];
den=[1 2 2 1];
subplot(1,3,1);
pzmap(num,den);                % 计算零极点并画其分布图
t=0:0.02:15;
subplot(1,3,2);
impulse(num,den,t);            % 计算冲激响应并画其波形
subplot(1,3,3);
step(num,den,t);               % 计算阶跃响应并画其波形
```

程序运行后图形显示如图 4.2-2 所示。

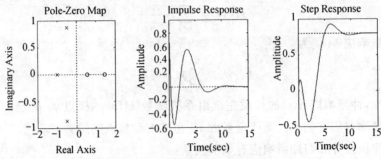

图 4.2-2 零极点分布图、冲激响应和阶跃响应的波形

3. 系统零极点分布与频率响应的关系

系统的零极点分布包含了系统的频率特性。几何矢量法是通过系统零极点分布来分析连续系统频率响应 $H(j\omega)$ 的一种直观的方法。但是对于零极点较多的系统，用这种方法就比较麻烦。

Matlab 提供了专用绘制频率响应的函数。信号处理工具箱提供的 freqs 函数可直接计算系统的频率响应，其一般调用形式为

$$H = \text{freqs}(b, a, w)$$

其中，b 为系统函数 $H(s)$ 的有理多项式中分子多项式的系数向量，a 为分母多项式的系数向量，w 为需计算的频率抽样点向量，单位为 rad/s。如果没有输出参数，直接调用

$$\text{freqs}(b, a)$$

则 Matlab 会在当前绘图窗口中自动画出幅频和相频响应曲线图形。不过横坐标频率将取对数刻度，幅频特性的纵坐标取对数刻度，相频特性的纵坐标取度数。

Matlab 还提供了另外一个绘制频率响应波特图的函数，其调用形式为

$$\text{bode}(sys)$$
$$\text{bode}(sys, w)$$
$$[\text{mag}, \text{phase}, w] = \text{bode}(sys)$$

其中，sys=tf(b,a)；mag 表示幅值；phase 表示相位。

例 4.2-2 用 Matlab 画出例 4.2-1 所示系统的频率响应图。

解 用 Matlab 计算的程序如下：

```
% 画频率响应图  e4_2_2.m
num=[1 -2 0.8];
den=[1 2 2 1];
figure(1)
```

```
freqs(num,den);
figure(2)
bode(num,den);
```

程序运行后显示的频率响应图如图 4.2-3 所示。

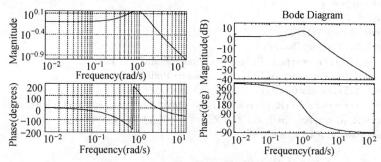

图 4.2-3　两种函数画出的频率响应图

为了更方便地画出系统的零极点图和系统的频率响应图,编写了以下通用函数,画零极点分布图的函数如下:

```
function x=zpplot(b,a);
% 画零极点分布图
N_a=length(a)-1;
N_b=length(b)-1;
zs=roots(b);                          % 求零点
ps=roots(a);                          % 求极点
rzs=real(zs);                         % 求零点的实部
izs=imag(zs);                         % 求零点的虚部
rps=real(ps);                         % 求极点的实部
ips=imag(ps);                         % 求极点的虚部
dz=diff(zs);dp=diff(ps);
R_max=max(abs([rzs',rps']));R_max=R_max+0.3*R_max;    % 求实部的绝对值最大值
I_max=max(abs([izs',ips']));I_max=I_max+0.3*I_max;    % 求虚部的绝对值最大值
U_max=max(R_max,I_max);
plot(rzs,izs,'o',rps,ips,'kx','markersize',8,'linewidth',2);
if dz==0
    text(rzs+0.1,izs+0.1,'\fontsize{8}(2)','color','r');
end
if dp==0
    text(rps+0.1,ips+0.1,'\fontsize{8}(2)','color','r');
end
line([-U_max U_max],[0 0],'color','r');
line([0 0],[-U_max U_max],'color','r');
axis([-U_max U_max -U_max U_max]);
title('零极点分布图','FontSize',8);
set(gca,'FontSize',8)
```

画频率响应的函数如下：

```
function x=freresp(b,a,w);
% 画系统零极点图、幅频和相频特性图
w0=w(1);M=length(w);w1=w(M);
H=freqs(b,a,w);
F1=abs(H);
P1=unwrap(angle(H));
subplot(1,3,1),zpplot(b,a);
Fmin=min(F1);Fmax=max(F1);dF=(Fmax-Fmin)*0.1;
Pmin=min(P1);Pmax=max(P1);dP=(Pmax-Pmin)*0.1;
subplot(1,3,2),myplot(w,F1);
p=roots(a);z=roots(b);R_p=real(p);I_p=imag(p);R_z=real(z);I_z=imag(z);
if (length(R_p)==length(R_z)) & (R_p==-R_z) & (I_p==I_z)
    axis([w0,w1,0,Fmax+0.5]);
else
    axis([w0,w1,Fmin-dF,Fmax+dF]);
end
ylabel('|F(j\omega)|');xlabel('\omega'),title('幅频特性图')
subplot(1,3,3),myplot(w,P1*180/pi);
ylabel('相位(度)');xlabel('\omega'),title('相频特性图')
axis([w0,w1,(Pmin-dP)*180/pi,(Pmax+dP)*180/pi]);
```

例 4.2-3 已知下列系统函数，画出它们的零极点分布图、幅频和相频特性图，并说明滤波器的类型。

(a) $H(s) = \dfrac{s}{(s+20-j40)(s+20+j40)}$；

(b) $H(s) = \dfrac{s^2 + 22\,500}{s^2 + 200s + 20\,000}$；

(c) $H(s) = \dfrac{s^2 - 40s + 2\,000}{s^2 + 40s + 2\,000}$。

解 用 Matlab 编写的画零极点图、幅频和相频特性的函数如下：

```
% 例4.2-3 的零极点图、幅频和相频特性图   e4_2_3.m
figure(1)
w=linspace(0,200,200);
p=[-20-j*40 -20+j*40];a=poly(p);b=[1 0];
freresp(b,a,w)
figure(2)
w=linspace(0,600,200);
b=[1 0 22500];a=[1 200 20000];
freresp(b,a,w)
figure(3)
w=linspace(0,200,200);
b=[1 -40 2000];a=[1 40 2000];
freresp(b,a,w);
```

程序运行后显示的图形分别如图 4.2-4 至图 4.2-6 所示。从其中的幅频特性图上可看出,例 4.2-3(a)为带通滤波器;例 4.2-3(b)为带阻滤波器;例 4.2-3(c)为全通滤波器。

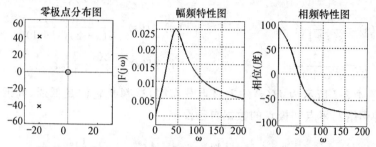

图 4.2-4　例 4.2-3(a)的零极点分布图、幅频特性和相频特性

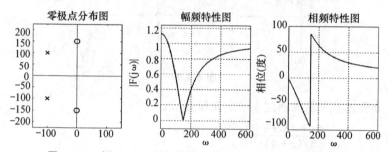

图 4.2-5　例 4.2-3(b)的零点分布图、幅频特性和相频特性

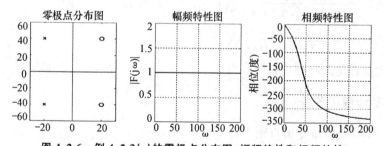

图 4.2-6　例 4.2-3(c)的零极点分布图、幅频特性和相频特性

4.2.3　实验内容

9-1　用"拉普拉斯变换和系统函数的曲面图演示"程序,观察零极点三维图,加深对系统零极点的理解。考虑以下系统函数:

(a) $H(s)=\dfrac{1}{(s+2)(s+4)}$;(b) $H(s)=\dfrac{s}{(s+2)(s+4)}$;(c) $H(s)=\dfrac{(s+1)(s+4)}{s(s+2)(s+3)}$。

9-2　用"连续系统零极点和冲激响应的关系"程序,观察零极点对冲激响应的影响,加深对系统稳定性的理解。

画出下列系统的零极点分布图和冲激响应,确定系统的稳定性。

(a) $H(s) = \dfrac{(s+1)^2}{s^2+1}$;

(b) $H(s) = \dfrac{s^2}{(s+2)(s^2+2s-3)}$;

(c) $H(s) = \dfrac{s-2}{s(s+1)}$;

(d) $H(s) = \dfrac{2(s^2+4)}{s(s+2)(s^2+1)}$;

(e) $H(s) = \dfrac{16}{s^2(s+4)}$;

(f) $H(s) = \dfrac{2(s+1)}{s(s^2+1)^2}$。

9-3 图 4.2-7 所示为 $H(s)$ 的零极点分布图,试判断它们是低通、高通、带通、带阻中哪一种网络?零点和极点的数据自己设定。

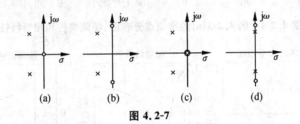

图 4.2-7

9-4 分析如下所示的稳定系统的系统函数:

(a) $H_1(s) = \dfrac{(s+1)(s+2)}{(s+3)(s+4)(s+5)}$;

(b) $H_2(s) = \dfrac{(s-1)(s+2)}{(s+3)(s+4)(s+5)}$;

(c) $H_3(s) = \dfrac{(s-1)(s-2)}{(s+3)(s+4)(s+5)}$。

试判断它们是否是最小相位系统。

4.2.4 实验步骤和方法

1. 在 Matlab 的命令窗口输入:

>>ZPQMT

屏幕显示"拉普拉斯变换和系统函数的曲面图演示"图形用户界面。

(1) 观察基本信号的曲面图,以及曲面图的剖面图。理解拉普拉斯变换与傅里叶变换的关系。

(2) 在"零极点与曲面图的关系"中,可以输入任意系统函数的零点和极点,适当调整三个坐标值,就可显示出它的曲面图。

2. 在 Matlab 的命令窗口输入:

>>CSZPH

屏幕显示"连续系统零极点与冲激响应的关系"图形用户界面。

(1) 观察极点分布的三种情况:左半平面、虚轴、右半平面,以及四种极点的组合:单极点、重极点、实极点、复极点。理解零极点分布与冲激响应的关系。加深系统稳定性的认识。

(2) 在"零极点与冲激响应的关系"中,可以输入任意系统函数的零点和极点或分子、分母,适当调整时间坐标值,就可显示出它的零极点图和相应的冲激响应。将实验内容 2 用 CSZPH 演示程序观察。

3. 仿照例 4.2-3 的方法,完成实验 9-3 的编程。上机调试程序,画出零极点图、幅频和相频特性图,根据题目要求说明滤波器的类型。

4. 对实验 9-4,仿照例 4.2-3 的方法,将三个系统的幅频特性和三个相频特性进行比较,进一步理解最小相位系统的含义。

4.2.5 预习要点

1. 学习有关 Matlab 函数的用法。主要函数有 freqs, bode, pzmap, roots, real, imag, unwrap, figure, linspace 等。

2. 为什么拉普拉斯变换能画出曲面图? 曲面图的剖面图是什么含义? 曲面图中的峰点和谷点分别表示什么?

3. 系统的零点和极点对系统冲激响应有何影响? 什么是系统的稳定性? 稳定系统应满足什么条件?

4. 如何用 Matlab 画系统的幅频特性和相频特性? 画系统函数的零极点分布图?

5. 滤波器有哪些类型? 什么是全通系统? 什么是最小相位系统?

4.2.6 实验报告要求

1. 实验 9-1、9-2 只要求观察图形,图形不写在实验报告内。

2. 根据实验 9-3、9-4 编写程序,以及绘出各种波形图。根据题目要求对各种频率响应图加以比较说明。

3. 简述上机调试程序的方法。

4. 简述心得体会及其他。

4.3 实验 10 模拟滤波器的设计

4.3.1 实验目的

1. 了解模拟滤波器设计原理和方法,了解巴特沃斯和契比雪夫低通滤波器频率特性的特点。

2. 学习用 Matlab 语言设计模拟滤波器中巴特沃斯和契比雪夫低通滤波器的方法,以及绘制模拟滤波器的零极点图和频率特性曲线。

4.3.2 实验原理与计算示例

1. 模拟滤波器设计中的基本概念

1) 模拟滤波器的频率特性与衰减特性

设模拟滤波器的系统函数为

$$H(j\Omega) = H(s)|_{s=j\Omega}$$

工程上,滤波器的幅度特性所给定的指标通常是通带和阻带的衰减(常用反映功率增益的幅度平方函数或模平方函数来表示)。即

$$A(\Omega) = -10\lg|H(j\Omega)|^2 = -20\lg|H(j\Omega)|$$

当要求滤波器具有线性相位特性(延时 τ 为常数)时,滤波器的频率特性为

$$H(j\Omega) = |H(j\Omega)|e^{j\varphi(\Omega)}, \varphi(\Omega) = -\tau\Omega$$

2) 由模平方函数求模拟滤波器的系统函数 $H(s)$

$$|H(j\Omega)|^2 = H(j\Omega)H(-j\Omega)|_{s=j\Omega} = H(s)H(-s)$$

由给定的模平方函数求所需的系统函数的方法如下。

(1) 解析延拓:令 $s=j\Omega$ 代入模平方函数得 $H(s)H(-s)$,并求其零极点。

(2) 取 $H(s)H(-s)$ 所有左半平面的极点作为 $H(s)$ 的极点。

(3) 按需要的相位条件(最小相位、混合相位等)取 $H(s)H(-s)$ 一半的零点构成 $H(s)$ 的零点。

2. 巴特沃斯低通滤波器

巴特沃斯滤波器以巴特沃斯函数来近似滤波器的系统函数,巴特沃斯的低通模平方函数为

$$|H(j\Omega)|^2 = \frac{1}{1+(j\Omega/j\Omega_c)^{2N}} \quad (N=1,2,\cdots)$$

式中:N 是滤波器的阶数;Ω_c 是滤波器的截止频率,当 $\Omega=\Omega_c$ 时,$|H(j\Omega)|^2=1/2$,所以 Ω_c 是滤波器的电压 -3 dB 点或半功率点。

不同阶次的巴特沃斯滤波器特性可以用 Matlab 画出,如图 4.3-1 所示。其程序如下:

```
% 画巴特沃斯滤波器幅频响应曲线    e4_3_1.m
w=0:0.1:300;
    wc=100;
    for n=1:2:7
        hw=1./sqrt(1+(w/wc).^(2*n));
```

```
            hold on
            plot(w,hw)
        end
title('巴特沃斯滤波器幅频响应曲线')
xlabel('角频率\omega')
set(gca,'xtick',[0 wc 300]);
set(gca,'ytick',[0 0.707 1]);grid
gtext('n=1');
gtext('n=3');
gtext('n=5');
gtext('n=7');
```

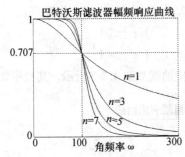

图 4.3-1 巴特沃斯滤波器幅频响应

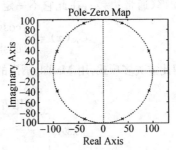

图 4.3-2 巴特沃斯滤波器零极点图

巴特沃斯滤波器幅频响应有以下特点。

(1) 最大平坦性：在 $\Omega=0$ 附近一段范围内是非常平直的，它以原点的最大平坦性来逼近理想低通滤波器。

(2) 通带、阻带下降的单调性。这种滤波器具有良好的相频特性。

(3) 3 dB 的不变性：随着 N 的增加，频带边缘下降越陡峭，越接近理想特性。但不管 N 是多少，幅频特性都通过 -3 dB 点。

巴特沃斯滤波器 $H(s)H(-s) = \dfrac{1}{1+(s/j\Omega_c)^{2N}}$ 的零极点图可以用 Matlab 画出，图 4.3-2 是 $N=4$ 时的极点分布。其程序如下：

```
%  画零极点图                    e4_3_2.m
n=4;wc=100;
a=[1./((i*wc)^(2*n)) zeros(1,2*n-1) 1]    % 求系统函数的分母向量
b=[1];
sys=tf(b,a);                              % 系统函数的多项式形式
pzmap(sys),                               % 画零极点图
hold on;u=0:pi/200:2*pi;
r=wc*exp(i*u);                            % 画半径为 wc 的圆
plot(r,':'),axis('equal')                 % 使 x,y 轴的刻度相等
```

3. 契比雪夫低通滤波器

契比雪夫低通滤波器采用契比雪夫函数来逼近给定的指标,该函数具有等波纹特性。它可将指标要求均匀分布在通带(或阻带)内,故如此设计出的滤波器阶数较低。

契比雪夫低通滤波器可以分为契比雪夫Ⅰ型(通带等波纹、阻带单调)和契比雪夫Ⅱ型(通带单调、阻带等波纹)两种。这里只介绍契比雪夫Ⅰ型。

契比雪夫Ⅰ型的幅度平方函数为

$$|H_a(j\Omega)|^2 = \frac{1}{1+\varepsilon^2 C_N^2(\Omega/\Omega_c)}$$

式中:ε 为表示通带波纹 δ_P 大小的参数(小于 1 的正数),其值越大波纹也越大;Ω_c 为截止频率(通带边频),在此它不一定是 3 dB;Ω/Ω_c 为 Ω 对 Ω_c 的归一化频率。

$$C_N(x) = \begin{cases} \cos(N \arccos x), & |x| \leqslant 1 \\ \cosh(N \text{arccosh} x), & |x| > 1 \end{cases}$$

称为契比雪夫多项式,用 Matlab 画出的幅频特性响应曲线如图 4.3-3 所示。其程序如下:

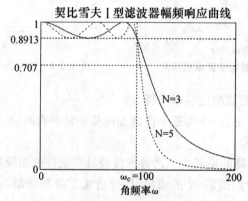

图 4.3-3 契比雪夫滤波器幅频响应

```
% 画契比雪夫Ⅰ型滤波器幅频响应曲线    e4_3_3.m
w=0:.05:200;wc=100;
N=3;Rp=1;
[b,a]=cheby1(N,Rp,wc,'s');
H=freqs(b,a,w);Hw1=abs(H);
N=5;Rp=1;
[b,a]=cheby1(N,Rp,wc,'s');
H=freqs(b,a,w);Hw2=abs(H);
plot(w,Hw1,w,Hw2,'r:')
title('契比雪夫Ⅰ型滤波器幅频响应曲线')
xlabel('角频率\omega')
set(gca,'xtick',[0 wc 200]);
set(gca,'ytick',[0 0.707 10^(-1/20) 1]);grid
```

```
gtext('N=3');gtext('N=5');
gtext('\omegac=');
```

例 4.3-1 设计一巴特沃斯滤波器,使其满足以下指标:通带边频 $\omega_p = 10^4$ Hz,通带的最大衰减为 $R_p = -1$ dB,阻带边频为 $\omega_s = 2 \times 10^4$ Hz,阻带的最小衰减为 $A_s = -15$ dB,如图 4.3-4 所示。

解 用 Matlab 设计程序如下:

```
% 设计巴特沃斯滤波器                  e4_3_4.m
wp=1e4;ws=2e4;Rp=1;As=15;
[n,wc]=buttord(wp,ws,Rp,As,'s')       % 求阶数 n,截止频率 wc
[b,a]=butter(n,wc,'s');               % 求系统函数的系数
sys=tf(b,a);                          % 系统函数的多项式形式
figure(1)
pzmap(sys),                           % 画零极点图
hold on;u=0:pi/200:2*pi;
r=wc*exp(i*u);                        % 画半径为 wc 的圆
plot(r,':'),axis('equal')             % 使 x,y 轴的刻度相等
figure(2)
w=linspace(0,40000,200);
H=freqs(b,a,w);                       % 求幅频特性
subplot(1,2,1);
myplot(w,abs(H));
set(gca,'xtick',[0 1e4 wc 2e4 4e4]);
set(gca,'ytick',[0 10^(-15/20) 0.707 10^(-1/20) 1]);
title('幅频响应曲线')
xlabel('f(Hz)');grid on;
subplot(1,2,2);
P=180/pi*unwrap(angle(H));            % 求相频特性
myplot(w,P);
xlabel('f(Hz)');grid on;
title('相频响应曲线')
```

其零极点分布图如图 4.3-5 所示,其幅频和相频特性如图 4.3-6 所示。

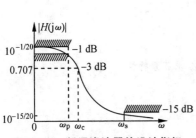

图 4.3-4 低通滤波器的设计指标

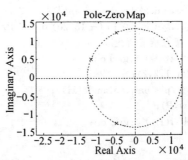

图 4.3-5 巴特沃斯滤波器的零极点图

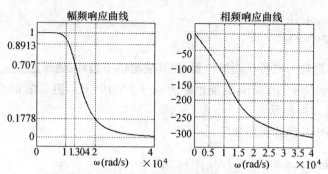

图 4.3-6 巴特沃斯低通滤波器的频率响应

程序运行时在命令窗口显示如下：

n =
        4
wc =
    1.3040e+004
Transfer function：

$$\frac{2.891e016}{s^4 + 3.407e004\ s^3 + 5.805e008\ s^2 + 5.794e012\ s + 2.891e016}$$

例 4.3-2 设计一契比雪夫 I 型滤波器，设计指标同例 4.3-1。

```
% 设计契比雪夫 I 型低通滤波器         e4_3_5.m
wp=1e4;ws=2e4;Rp=1;As=15;
[n,wc]=cheb1ord(wp,ws,Rp,As,'s')      % 求阶数 n,截止频率 wc
[b,a]=cheby1(n,Rp,wc,'s');            % 求系统函数的系数
sys=tf(b,a)                           % 系统函数的多项式形式
w=linspace(0,40000,200);
H=freqs(b,a,w);                       % 求幅频特性
subplot(1,2,1);
plot(w,abs(H));
set(gca,'xtick',[0 wc 2e4 4e4]);
set(gca,'ytick',[0 10^(-15/20) 0.707 10^(-1/20) 1]);
title('幅频响应曲线')
xlabel('f(Hz)');grid on;
subplot(1,2,2);
P=180/pi*unwrap(angle(H));            % 求相频特性
plot(w,P);
xlabel('f(Hz)');grid on;
title('相频响应曲线')
```

程序运行时在命令窗口显示如下：

```
n =
     3
wc =
     10000
Transfer function:
              4.913e011
     ---------------------------------
     s^3 + 9883 s^2 + 1.238e008 s + 4.913e011
```

幅频和相频特性曲线如图 4.3-7 所示。

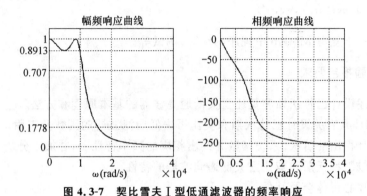

图 4.3-7 契比雪夫 I 型低通滤波器的频率响应

4.3.3 实验内容

10-1 一低通滤波器要求满足下列条件：

（a）从直流到 5 kHz，响应变动在 3 dB 之内；

（b）当频率 $f \geqslant 10$ kHz 时，衰减 $\geqslant 30$ dB；

求满足以上要求的巴特沃斯和契比雪夫低通滤波器最小阶次 N 及系统函数 $H(s)$，画出相应的幅频和相频特性图。

10-2 设计一低通巴特沃斯低通滤波器系统函数，要求满足下列指标：在通带截止频率 $\omega_c = 10^5$ rad/s 处衰减 $R_p \leqslant 3$ dB，阻带始点频率 $\omega_s = 4 \times 10^5$ rad/s 处衰减 $A_s \geqslant 35$ dB。

10-3 设计一低通契比雪夫低通滤波器系统函数，要求满足下列指标：

（a）通带截止频率 $\omega_c = 2\pi \times 10^3$ rad/s，通带允许起伏为 -1 dB；

（b）阻带始点频率 $\omega_s = 4\pi \times 10^3$ rad/s，阻带衰减小于等于 -40 dB。

4.3.4 实验步骤和方法

1. 仿照例 4.3-1、例 4.3-2 的设计方法利用 Matlab 计算滤波器的阶次和系统函数。

2. 利用 Matlab 绘制巴特沃斯和契比雪夫低通滤波器的幅频特性和相频特性图，保存绘制的结果。

3. 利用 Matlab 绘制零极点图，保存绘制的结果。

4.3.5 预习要点

1. 复习模拟滤波器的知识,查资料学习巴特沃斯和契比雪夫低通滤波器的基本原理和设计方法。初步掌握工程上的设计方法及设计步骤。

2. 学习 Matlab 有关设计巴特沃斯和契比雪夫低通滤波器的函数:

[n,wc]=buttord(wp,ws,Rp,As,'s')
[b,a]=butter(n,wc,'s')
[n,wc]=cheb1ord(wp,ws,Rp,As,'s')
[b,a]=cheby1(n,Rp,wc,'s')

3. 进一步复习 Matlab 中程序的编写、调试等。

4.3.6 实验报告要求

1. 简述设计巴特沃斯和契比雪夫低通滤波器的基本原理和方法。
2. Matlab 有关设计巴特沃斯和契比雪夫低通滤波器的函数及应用。
3. 设计得出的阶次、系统函数并绘出相应的频率特性图,并加以分析。
4. 比较巴特沃斯和契比雪夫低通滤波器的特性。
5. 简述心得体会及其他。

离散信号和系统的分析

本章主要介绍离散信号和系统分析的 Matlab 实现方法。其中包括离散信号的产生及运算,用迭代法、数值仿真法和符号运算的 Z 变换法解差分方程。掌握用 Matlab 进行离散卷积运算的数值方法和解析方法。加深对离散卷积的理解。掌握 Matlab 的 Z 变换和 Z 反变换的应用。学习用 Matlab 对离散系统的零极点分布与时域响应、频率响应关系的研究。

5.1 实验 11 离散信号的产生及运算

5.1.1 实验目的

1. 掌握用 Matlab 绘制离散信号波形图的方法,学会常见波形的绘制。
2. 掌握用 Matlab 观测离散信号的周期性的方法。
3. 掌握离散信号能量的计算方法。

5.1.2 实验原理与计算示例

1. 绘制离散信号波形的 Matlab 基本函数

用 Matlab 可以画出离散信号的波形,并对离散信号进行运算。下面先介绍几个函数。

1) stem 函数

stem 函数与 plot 函数在用法和功能上几乎完全相同,只不过通常用 stem 函数来绘制离散信号的图形,即绘制出来的图形是点点分立的;而用 plot 函数来绘制连续信

号的图形,即绘制出来的图形是点点相连的。调用格式为

stem(k,y) k 为横坐标,取整数;y 为计算出的离散信号的值。

stem(k,y,'fill') 用"0"标记各数据点,并填充蓝色(默认色)。

stem(k,y,'.') 用"."小圆点标记各数据点。

2) 离散冲激函数

在绘离散信号的图形中,经常要画 $\delta(k)$,自定义冲激函数如下:

function [f,k]=delta(k)

f=[k==0]

调用格式:delta(k) 计算 $\delta(k)$;delta(k-4) 计算 $\delta(k-4)$ 等。

3) 其他基本函数与连续信号相同

如阶跃函数 u(k)、门函数 rectpuls(k,w)、三角波函数 tripuls(k,w)、指数函数 exp(k)、正弦函数 sin(k)、余弦函数 cos(k)等。

4) 编写通用画图函数

为了使离散信号的波形图有一个自动的坐标,可以编写通用的画图函数,程序如下:

```
function mystem(x,y)
% x 为横坐标数组,y 为纵坐标数组
x0=x(1);xe=x(end);
max_y=max(y);min_y=min(y);dy=(max_y-min_y)/10;
h=stem(x,y,'fill');grid;
set(h(2),'LineWidth',2),set(h(1),'LineWidth',2)
axis([x0,xe,min_y-dy,max_y+dy])
set(gca,'FontSize',8)
xlabel('序号 k')
```

例 5.1-1 画出下列离散信号的波形图。

(a) 离散冲激信号 $2\delta(k+5)+\delta(k)-3\delta(k-6)$;

(b) 离散门函数 $\varepsilon(k+5)-\varepsilon(k-6)$;

(c) 指数衰减的余弦信号 $(0.9)^k\cos(k\pi/5)$;

(d) 单边指数信号 $(0.8)^k\varepsilon(k)$。

解 用 Matlab 计算的程序如下:

```
% 例 5.1-1 的离散信号波形  e5_1_1.m
clear
figure(1)
k=-8:8;
f1=2*delta(k+5)+delta(k)-3*delta(k-6);
mystem(k,f1),title('离散冲激信号')
figure(2)
f2=u(k+5)-u(k-6);
mystem(k,f2),title('离散门函数')
```

```
figure(3)
k=0:30;
f1=0.9.^k.*cos(pi*k/5);
f2=0.9.^k;
f3=-0.9.^k;
mystem(k,f1);
hold on;
plot(k,f2,':');
hold on;
plot(k,f3,':');
hold off
text(20,0.9,'(0.9)^{k}cos(\pi k/5)')
title('指数衰减的正弦信号')
figure(4)
k=-2:18;
f1=(0.8).^k.*u(k);
mystem(k,f1),title('单边指数信号')
```

程序运行后显示的图形如图 5.1-1 所示。

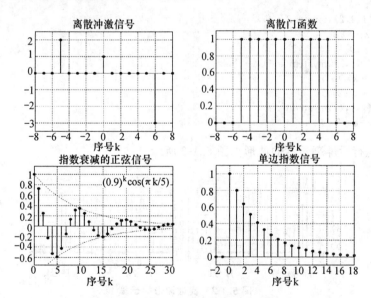

图 5.1-1　例 5.1-1 的离散信号波形图

2. 离散信号的运算

离散信号的运算包括逐点相加与相乘,与连续信号相对应的还有时移和反折运算。

(1) 时移:信号 $y(k)=f(k-5)$ 表示将 $f(k)$ 延迟(右移)5 个单位。若 $y(k)=f(k+5)$,则是将 $f(k)$ 向前(左移)5 个单位。

(2) 反折:信号 $y(k)=f(-k)$ 是将信号反转后的信号。而 $y(k)=f(-k+5)$ 含有

两种运算,即反折和时移。与连续信号一样,两种运算的先后顺序不改变其结果。

例 5.1-2 已知离散时间信号 $f(k)=(0.8)^k[\varepsilon(k+2)-\varepsilon(k-4)]$,用 Matlab 画出 $f(k),f(k-3),f(-k),f(-k-2)$ 的图形。

解 先用 Matlab 定义函数 $f(k)$:

```
function f=fd1(k)
f=(0.8).^k.*(u(k+2)-u(k-4));
```

用 Matlab 计算的程序如下:

```
% 例 5.1-2 离散时间信号的波形   e5_1_2.m
clear
k0=-7;k1=7
k=k0:k1;
f=fd1(k);
subplot(1,4,1),mystem(k,f),
title('f(k)')
f=fd1(k-3);
subplot(1,4,2),mystem(k,f),
title('f(k-3)')
f=fd1(-k);
subplot(1,4,3),mystem(k,f),
title('f(-k)')
f=fd1(-k-2);
subplot(1,4,4),mystem(k,f),
title('f(-k-2)')
```

程序运行后屏幕显示的波形如图 5.1-2 所示。

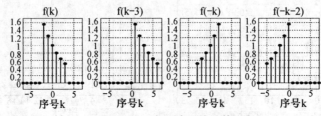

图 5.1-2 离散波形的运算

3. 周期信号的判断

离散正弦序列不一定为一周期序列,周期序列的定义为

$$f(k+N)=f(k)$$

式中:N 为序列的周期;N 只能为任意整数。

与模拟正弦信号不同,离散正弦序列是否为周期函数取决于比值 $\dfrac{2\pi}{\Omega_0}$ 是正整数、有理数还是无理数。

由若干周期离散正弦组合的信号,它的周期(公共周期)等于其各周期的最小公倍数(LCM)。

例 5.1-3 判断下列离散信号是否是周期的,如果是周期的,试确定其周期。

(a) $f(k)=2\sin\dfrac{\pi}{5}k+3\cos\dfrac{\pi}{3}k$;

(b) $f(k)=\sin\dfrac{1}{6}k$。

解 (a) $f(k)$的每个分量的周期分别为 $N_1=\dfrac{2\pi}{\pi/5}=10, N_2=\dfrac{2\pi}{\pi/3}=6$。它的公共周期为 $N=\text{LCM}(10,6)=30$,故 $f(k)$是周期 $N=30$ 的周期信号。

(b) $f(k)$的周期为 $N=\dfrac{2\pi}{1/6}=12\pi$ 是无理数,故 $f(k)$是非周期的。

可以用 Matlab 画出波形,观察其周期性。程序如下:

```
% 观察周期信号的周期   e5_1_3.m
figure(1)
k=-25:25;
f=2*sin(k*pi/5)+3*cos(k*pi/3);
mystem(k,f)
[x,y]=ginput(2)                              % 返回当前鼠标的位置
gtext(['\bf 周期:T=',num2str(round(x(2)-x(1)))])   % 显示周期
figure(2)
k=-30:30;
f=cos(k/6);
mystem(k,f)
```

程序运行后会在图上出现可动的十字光标,这就是函数 ginput(2)的作用,移动鼠标使纵线对准波形的最大值,按下左键,再移动鼠标使纵线对准波形的另一最大值,按下左键。周期就显示在图中,图形如图 5.1-3 所示。显然是周期的,周期 $N=30$。而图 5.1-4 所示正弦序列不是周期的。

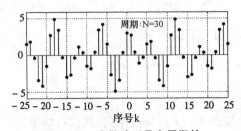

图 5.1-3 离散波形具有周期性

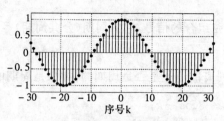

图 5.1-4 离散波形不具有周期性

4. 离散信号的能量与功率

与连续信号类似,离散信号也可分为能量信号和功率信号。对于非周期信号,信号能量定义为

$$E = \sum_{k=-\infty}^{\infty} |f(k)|^2 \qquad (5.1\text{-}1)$$

由于周期离散信号 $f(k)$ 的能量无限大,故常用功率 P 来作为其测量参数。设有一周期为 N 的离散信号 $f(k)$,其功率定义为

$$P = \frac{1}{N}\sum_{k=0}^{N-1} |f(k)|^2 \qquad (5.1\text{-}2)$$

能量有限的信号称为能量信号。功率有限的信号称为功率信号。所有周期信号都是功率信号。

离散序列的求和 $\sum_{k=n}^{m} f(k)$ 在 Matlab 中可利用 sum 函数来实现,其调用形式为

$$Y = \text{sum}(f(n:m))$$

例 5.1-4 计算下列离散信号的能量或功率。

(a) $f(k) = 3(0.5)^k, k \geq 0$;
(b) $f(k) = 6\cos(2\pi k/4)$;
(c) $f(k) = 6e^{j2\pi k/4}$。

解 (a) 该离散信号为衰减的指数信号,其信号能量为

$$E = \sum_{k=-\infty}^{\infty} |f(k)|^2 = \sum_{k=0}^{\infty} |3(0.5)^k|^2 = \sum_{k=0}^{\infty} 9(0.25)^k = \frac{9}{1-0.25} \text{ J} = 12 \text{ J}$$

在 Matlab 命令窗口执行下列命令:

```
>> k=0:10;fk=3*(0.5).^k;E=sum(abs(fk).^2)
E=
    12.0000
```

(b) 该离散信号为周期 $N=4$ 的周期序列,其信号功率为

$$P = \frac{1}{N}\sum_{k=0}^{N-1} |f(k)|^2 = \frac{1}{4}\sum_{k=0}^{3} |6\cos(2\pi k/4)|^2 = \frac{1}{4}(36+36) \text{ W} = 18 \text{ W}$$

在 Matlab 命令窗口执行下列命令：

```
>> k=0:3;fk=6*cos(0.5*pi.*k);E=sum(abs(fk).^2);P=E/4
P=
    18
```

(c) 该离散信号为一个复数周期信号，周期 $N=4$，其信号功率为

$$P = \frac{1}{N}\sum_{k=0}^{N-1}|f(k)|^2 = \frac{1}{4}\sum_{k=0}^{3}|6e^{j2\pi k/4}|^2 = \frac{1}{4}(36+36+36+36) = 36 \text{ W}$$

在 Matlab 命令窗口执行下列命令：

```
>> k=0:3;fk=6*exp(j*0.5*pi.*k);E=sum(abs(fk).^2);P=E/4
P=
    36
```

5.1.3 实验内容

11-1 用 Matlab 画出下列离散信号的波形：

(a) $1-(0.8)^{k+3}\varepsilon(k+3)$；

(b) $(0.9)^{-k}\cos(k\pi/8)\varepsilon(-k+3)$；

(c) $0.5kG_{16}(k)$；

(d) 周期锯齿波，周期 $N=14$，正斜率。

11-2 信号 $f(k)$ 的波形如图 5.1-5 所示，画下列各信号的波形：

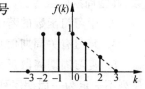

图 5.1-5

(a) $f(k+2)$；

(b) $f(k+2)\varepsilon(-k-2)$；

(c) $f(-k+2)$；

(d) $f(-k+2)\varepsilon(k-1)$。

11-3 判断下述各序列是否周期的，如果是周期的，试确定其周期：

(a) $f(k) = \sin\left(\dfrac{k\pi}{4}\right) - 2\cos\left(\dfrac{k\pi}{6}\right)$；

(b) $f(k) = \cos\left(\dfrac{3}{7}k - \dfrac{\pi}{8}\right)$。

11-4 画出下列各信号的波形，求能量或功率：

(a) $f(k) = [6, 4, 2, 2]$；

(b) $f(k) = [-3, -2, -1, 0, 1]$；

(c) $f(k) = \cos(0.5k\pi)$；

(d) $f(k) = 8(0.5)^k \varepsilon(k)$。

5.1.4 实验步骤和方法

1. 学习例 5.1-1 的基本函数波形的画图方法,熟悉程序中的参数如门函数的宽度、频率的大小、锯齿波的变形等,以便熟悉这些基本函数的用法。

2. 仿照例 5.1-1 的方法,完成实验 11-1 的编程。上机调试程序,观察并判断波形的正确性。

3. 仿照例 5.1-2 的方法,完成实验 11-2 的编程。上机调试程序,观察并判断波形的正确性,比较调用自编函数画图的优点。

4. 仿照例 5.1-3 的方法,完成实验 11-3 的编程。上机调试程序,观察并判断信号的周期性,与理论分析结果比较。

5. 仿照例 5.1-4 的方法,完成实验 11-4 的编程。上机调试程序,观察并判断信号的正确性,并将功率和能量的值与理论分析结果比较。

5.1.5 预习要点

1. 学习有关 Matlab 的绘画函数的用法。主要绘图函数有 stem,grid,axis,xlabel,ylabel,hold,title,text,gtext,ginput,以及曲线的颜色、粗细等。

自编画离散波形的函数:mystem。

2. 学习有关基本信号的数学表示法和 Matlab 表示法,如门函数、三角波、指数函数、典型周期函数等。

3. 学习门函数的若干表示法。

4. 复习有关周期信号的功率和非周期信号的能量计算方法。

5. 复习周期离散正弦的组合的公共周期的计算,并且与模拟正弦信号不同,正弦序列不一定为一周期序列。

5.1.6 实验报告要求

1. 根据求出的数学表达式编写程序,以及绘出各种波形图。
2. 简述上机调试程序的方法。
3. 根据实验归纳、总结出用 Matlab 绘离散波形图的方法。
4. 简述心得体会及其他。

5.2 实验 12 迭代法及离散卷积的计算

5.2.1 实验目的

1. 学习并掌握用迭代法求解差分方程的方法。

2. 掌握 Matlab 离散卷积运算的数值方法和解析方法，加深对离散卷积的理解。

5.2.2 实验原理与计算示例

1. 差分方程的迭代解法

在连续系统中，可用常系数线性微分方程来表示其输出与输入关系，而在离散系统中，则用常系数线性差分方程来描述，其一般形式为

$$\sum_{i=0}^{N} a_i y(k-i) = \sum_{i=0}^{M} b_i f(k-i) \tag{5.2-1}$$

式中：a 和 b 为常系数；$f(k)$ 的最大移位阶次为 M；$y(k)$ 的最大移位阶次为 N。

令式(5.2-1)的 $a_0 = 1$，则常系数线性差分方程为

$$y(k) = -\sum_{i=1}^{N} a_i y(k-i) + \sum_{i=0}^{M} b_i f(k-i) \tag{5.2-2}$$

令式(5.2-2)的 $k=0$，有

$$y(0) = -a_1 y(-1) - a_2 y(-2) - \cdots - a_N y(-N) + b_0 f(0)$$
$$+ b_1 f(-1) + \cdots + b_M f(-M) \tag{5.2-3}$$

即 $y(0)$ 是差分方程的系数与 $y(-1), y(-2), \cdots, y(-N)$ 和 $f(0), f(-1), \cdots, f(-M)$ 的线性组合。令式(5.2-3)的 $k=1$，有

$$y(1) = -a_1 y(0) - a_2 y(-1) - \cdots - a_N y(-N+1)$$
$$+ b_0 f(1) + b_1 f(0) + \cdots + b_M f(-M+1)$$

所以，$y(1)$ 是差分方程的系数与 $y(0), y(-1), \cdots, y(-N+1)$ 和 $f(1), f(0), \cdots, f(-M+1)$ 的线性组合。

以此类推，通过反复迭代，就可以求出任意时刻的响应值。这种迭代方法最适合用计算机计算，可用 Matlab 来实现这种计算。

为了找出迭代计算的一般规律，式(5.2-2)的求和计算可写成矩阵的形式，如第一项可写为

$$\sum_{i=1}^{N} a_i y(k-i) = \begin{bmatrix} a_N & a_{N-1} & \cdots & a_1 \end{bmatrix} \begin{bmatrix} y(k-N) \\ y(k-N+1) \\ \vdots \\ y(k-1) \end{bmatrix} \tag{5.2-4}$$

第二项求和与式(5.2-4)类似。用 Matlab 编写的迭代法计算差分方程的函数如下：

```
function y=recur(a,b,n,f,f0,y0);
% recur 是用迭代法计算差分方程的解
% 其中 a 是差分方程左边除第一项外的系数
%     b 是差分方程右边的系数,n 是计算的点数
```

```
%       f 是输入信号,f0 是输入信号的初始值
%       y0 是系统的初始值
%
N=length(a);y=[y0 zeros(1,length(n))];
M=length(b)-1;f=[f0 f];
a1=a(N:-1:1);                 % a 的元素反转
b1=b(M+1:-1:1);               % b 的元素反转
for i=N+1:N+length(n),
    y(i)=-a1*y(i-N:i-1)'+b1*f(i-N:i-N+M)';
end
y=y(N+1:N+length(n));
```

例 5.2-1 求差分方程 $y(k)-1.5y(k-1)+y(k-2)=2f(k-2)$ 的解。其中,输入信号 $f(k)=\varepsilon(k)$,初始条件 $y(-1)=1,y(-2)=2$。

解 用 Matlab 编写的计算程序如下:

```
% 计算例 5.2-1 的程序   e5_2_1.m
a=[-1.5 1];b=[0 0 2];
y0=[2 1];f0=[0 0];
n=0:30;
f=u(n);
y=recur(a,b,n,f,f0,y0);
mystem(n,y);
ylabel('y(k)')
```

程序运行后系统响应波形如图 5.2-1 所示。显然用迭代法不仅可以求全响应,还可以求零输入响应和零状态响应。

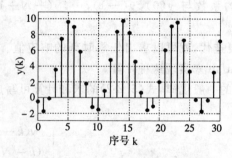

图 5.2-1 例 5.2-1 的系统响应波形

2. 离散卷积的计算

Matlab 信号处理工具箱提供了一个计算两个离散序列卷积和的函数 conv(),其调用格式为

$$y=\text{conv}(f,h)$$

其中,f、h 分别为待卷积的两序列的向量表示;y 是卷积的结果。

如

```
>> f1=[2 2 2];
>> f2=[1 4 9];
>> y=conv(f1,f2)
y =
     2    10    28    26    18
```

对于有限长序列,可建立一个通用函数,它可以计算并画出两个有限长序列卷积的结果和波形。能使三个波形的横坐标统一,间隔相同。卷积结果显示在横坐标的中间位置。将这个函数命名为 DSCONV(),程序如下:

```
function y=DSCONV(f1,n1,f2,n2,M);
% 计算有限长离散卷积
% n1,f1,n2,f2 为序列的起始点,序列值
% 将卷积值显示在中间,左右插入 M 点
% 例1: n1=-2;f1=[2 2 2 2 2 2]; n2=0;f2=[1 1 1 1 1];
%      M=6; DSCONV(f1,n1,f2,n2,M)
% 例2: n1=-2:2;f1=[1 1 1 1 1]; n2=1:5;f2=n2;
%      M=6; dsconv(f1,n1,f2,n2,M)
%
y=conv(f1,f2);                          % 两序列的卷积值
ny0=n1(1)+n2(1);                        % 卷积值 y 的起始点
n0=ny0-M;n10=n0-n1(1);n20=n0-n2(1);     % 计算 y,f1,f2 要插入的点数
L=length(y);k=n0:ny0+L+M-1;             % 计算所有序列的起始点和终止点
f=[zeros(1,M) y zeros(1,M)];            % 在卷积值左右插入 M 个零点
% 在 f1,f2 左右插入零点,与自变量 k 的点数一致
f11=[zeros(1,abs(n10)) f1 zeros(1,L+2*M-length(f1)-abs(n10))];
f22=[zeros(1,abs(n20)) f2 zeros(1,L+2*M-length(f2)-abs(n20))];
% 画出 f1,f2 和 f1*f2 的波形
subplot(3,1,1),mystem(k,f11),ylabel('f1(k)');
subplot(3,1,2),mystem(k,f22),ylabel('f2(k)');
subplot(3,1,3),mystem(k,f),ylabel('f1(k)*f2(k)');
```

例 5.2-2 用 Matlab 分别求下列序列的卷积和:

(a) $f_1(k)=[2,2,\underset{\uparrow}{2},2,2,2], f_2(k)=[\underset{\uparrow}{1},1,1,1,1,1]$;

(b) $f_1(k)=\begin{cases}1, & -2\leqslant k\leqslant 2,\\ 0, & \text{其他},\end{cases}$ $f_2(k)=\begin{cases}k, & 1\leqslant k\leqslant 5,\\ 0, & \text{其他}。\end{cases}$

解 用 Matlab 并调用 DSCONV() 函数,程序如下:

```
% 计算离散信号的卷积  e5_2_2.m
n1=-2;f1=[2 2 2 2 2 2];        % 序列的起始点,序列值
n2=0;f2=[1 1 1 1 1];           % 序列的起始点,序列值
M=6;                           % 将卷积值显示在中间,左右插入 M 点
figure(1)
y1=DSCONV(f1,n1,f2,n2,M)
```

```
n1=-2;f1=[1 1 1 1];                  % 序列的起始点,序列值
n2=1:5;f2=n2;                         % 序列的起始点,序列值
M=4;                                  % 将卷积值显示在中间,左右插入 M 点
figure(2)
y2=DSCONV(f1,n1,f2,n2,M)
```

程序运行后显示的图形如图 5.2-2 所示。

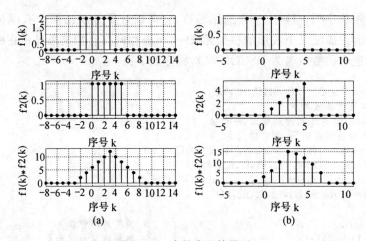

图 5.2-2 离散卷积的图形

在命令窗口显示的卷积结果:

```
>> y1 =
    2    4    6    8   10   12   10    8    6    4    2
y2 =
    1    3    6   10   15   14   12    9    5
```

例 5.2-3 用 Matlab 求下列系统的零状态响应 $y(k)=h(k)*f(k)$:

(a) $f(k)=\sin(0.2k)\varepsilon(k), h(k)=\sin(0.5k)\varepsilon(k)$;

(b) $f(k)=(0.9)^k\varepsilon(k), h(k)=(0.8)^k\varepsilon(k)$。

解 用 Matlab 编写程序如下:

```
% 计算无限长离散卷积  e5_2_3a.m
n=0:40;
f=sin(.2*n);
h=sin(.5*n);
y=conv(f,h);
subplot(3,1,1),stem(n,f,'.'),ylabel('f(k)');
subplot(3,1,2),stem(n,h,'.'),ylabel('h(k)');
subplot(3,1,3),stem(n,y(1:length(n)),'.'),ylabel('y(k)');
```

程序运行后显示的波形如图 5.2-3(a)所示。

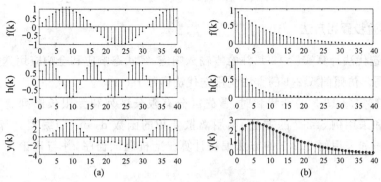

图 5.2-3 离散卷积的图形

```
% 计算无限长离散卷积   e5_2_3b.m
n=0:40;
f=.9.^n;
h=.8.^n;
y=conv(f,h)
subplot(3,1,1),stem(n,f,'.'),ylabel('f(k)');
subplot(3,1,2),stem(n,h,'.'),ylabel('h(k)');
subplot(3,1,3),stem(n,y(1:length(n)),'.'),ylabel('y(k)');
% 用理论计算结果验证
hold on;y1=9*.9.^n-8*.8.^n;
subplot(3,1,3),stem(n,y1,'r-.')
hold off
```

程序运行后显示的波形如图 5.2-3(b) 所示。用理论计算的结果画出的波形与用函数 conv() 计算出的波形完全重合。

5.2.3 实验内容

12-1 系统的差分方程为

$$y(k)+0.7y(k-1)-0.45y(k-2)-0.6y(k-3)$$
$$=0.8f(k)-0.44f(k-1)+0.36f(k-2)+0.22f(k-3)$$

已知激励为 $f(k)=[(0.5)^k+1]\varepsilon(k)$,初始值为 $y(-1)=1, y(-2)=-1, y(-3)=2$。用迭代法求系统零输入响应、零状态响应和全响应。

12-2 求下列序列的卷积和 $y(k)=f_1(k)*f_2(k)$:

(a) $f_1(k)=(0.3)^k\varepsilon(k), f_2(k)=(0.5)^k\varepsilon(k)$;

(b) $f_1(k)=\{\underset{\uparrow}{1},2,0,1\}, f_2(k)=\{\underset{\uparrow}{2},2,3\}$;

(c) $f_1(k)=\varepsilon(k+2), f_2(k)=\varepsilon(k-3)$;

(d) $f_1(k)=(0.5)^k\varepsilon(k), f_2(k)=(0.5)^k[\varepsilon(k+3)-\varepsilon(k-4)]$。

5.2.4 实验步骤和方法

1. 用迭代法计算实验 12-1,注意零输入响应、零状态响应和全响应用迭代法计算有什么不同。仿照例 5.2-1 的方法调用迭代法函数 recur()。

2. 计算实验 12-2 的卷积和时,首先区分有限长序列和无限长序列。有限长序列的卷积和采用例 5.2-2 的方法,调用离散卷积的函数 dsconv() 编程计算;无限长序列的卷积和采用例 5.2-3 的方法编程计算。上机调试程序,并与理论计算加以比较。

5.2.5 预习要点

1. 学习有关 Matlab 运算的用法。主要有 a1=a(N:-1:1), y(i-N:i-1), y=[y0 zeros(1,length(n))], conv,sum 等。

2. 复习有关迭代法解差分方程的方法。仔细阅读迭代法函数 recur()。

3. 复习有关计算离散卷积的方法。仔细阅读计算有限离散信号卷积的函数 dsconv()。有限离散信号的卷积和无限离散信号的卷积有何区别?对超前或滞后的波形如何处理?

5.2.6 实验报告要求

1. 根据实验内容所给出的习题,编写程序或命令,以及绘出各种波形图。

2. 总结用迭代法计算差分方程的方法,对零输入响应、零状态响应和全响应分别进行计算时应注意的问题。

3. 根据实验归纳、总结出用 Matlab 计算离散卷积的方法,指出计算有限长序列卷积的 dsconv() 函数有什么特点。

4. 简述心得体会及其他。

5.3 实验 13 差分方程的 Z 变换解

5.3.1 实验目的

1. 学习用 Matlab 的符号运算 Z 变换和反 Z 变换方法,以及反 Z 变换中的部分分式展开法,加深对 Z 变换的理解。

2. 学习 Matlab 计算差分方程的方法,加深对离散系统 Z 变换分析的理解,加深对零输入响应、零状态响应的理解。

5.3.2 实验原理与计算示例

1. Z 变换和反 Z 变换的符号运算

在 Matlab 的符号运算工具箱中,专门提供了 Z 变换和反 Z 变换的函数。

正变换的调用格式为

$$F=ztrans(f)$$

其中,f 为时间函数的符号表达式;F 为 Z 变换式,也是符号表达式。

反变换的调用格式为

$$f=iztrans(F)$$

其中,F 为 Z 变换式的符号表达式;f 为时间函数,是符号形式。

为了改善公式的可读性,Matlab 提供了 pretty 函数,调用格式为

$$pretty(f)$$

其中,f 为符号表达式。

如已知象函数 $F(z)=\dfrac{1}{(1+z)^2}$,求原函数 $f(k)$,再求 Z 变换。用 Matlab 计算的命令如下:

```
>> F=sym('1/(1+z)^2')
F =
1/(1+z)^2
>> f=iztrans(F,'k')
f =
charfcn[0](k)-(-1)^k+(-1)^k*k
>> F=ztrans(f)
F =
1+z/(-1-z)-z/(-1-z)^2
>> F=simple(F)
F =
1/(1+z)^2
```

但是如果极点是复数,Z 变换还可以用上述方法来求,反 Z 变换就不行了。

例 5.3-1 试求下列序列的 Z 变换:

(a) $(k-3)\varepsilon(k)$;   (b) $(k-3)\varepsilon(k-3)$;   (c) $|k-3|\varepsilon(k)$;

(d) $(k-3)\varepsilon(k+3)$;   (e) $(-k-3)\varepsilon(-k)$。

解 用 Matlab 计算的命令如下:

```
>>F=ztrans(sym('k-3'))                  % 计算(a) (k-3)ε(k)
F =
z/(z-1)^2-3*z/(z-1)
>> F=simplify(F)
```

```
            F=
     -z*(-4+3*z)/(z-1)^2
  >> pretty(F)
```
$$-\frac{z(-4+3z)}{(z-1)^2}$$

```
  >> F=ztrans(sym('(k-3)*Heaviside(k-3)'))    % 计算(b) (k-3)ε(k-3)
            F=                                % Heaviside 表示阶跃序列
     1/z^2*(-2+3*z)/(z-1)^2-3*z/(z-1)+3+3/z+3/z^2
  >> F=simplify(F)
            F=
     1/z^2/(z-1)^2
  >> pretty(F)
```
$$\frac{1}{z^2(z-1)^2}$$

```
  >> F=ztrans(sym('3*charfcn[0](k)+2*charfcn[1](k)+charfcn[2](k)
     +(k-3)*Heaviside(k-3)'))                 % 计算(c)|k-3|ε(k)
            F=                                % charfcn[0](k)表示冲激 δ(k)
     6+5/z+4/z^2+1/z^2*(3*z-2)/(z-1)^2-3*z/(z-1)
  >> F=simple(F)
            F=
     (3*z^4-4*z^3+2)/z^2/(z-1)^2
  >> pretty(F)
```
$$\frac{3z^4-4z^3+2}{z^2(z-1)^2}$$

```
  >> F=ztrans(sym('k-3'))                     % 计算(e) (-k-3)ε(-k)
            F=
     z/(z-1)^2-3*z/(z-1)
  >> F=subs(F,z,-1)                           % 根据反折性质,变量代换 z 换成 1/z
            F=
     1/z/(1/z-1)^2-3/z/(1/z-1)
  >> F=simple(F)
            F=
     (4*z-3)/(z-1)^2
  >> pretty(F)
```
$$\frac{4z-3}{(z-1)^2}$$

2. 求 Z 反变换的部分分式法

若 $F(z)$ 为有理式,则可表示为

$$F(z)=\frac{N(z)}{D(z)}=\frac{b_m z^m+b_{m-1}z^{m-1}+\cdots b_1 z+b_0}{a_n z^n+a_{n-1}z^{n-1}+\cdots a_1 z+a_0} \quad (5.3\text{-}1)$$

为了能从象函数得到时间函数,可将 $F(z)$ 进行部分分式展开。Matlab 提供了一个对 $F(z)$ 进行部分分式展开的函数 residue(),其调用形式为

$$[r,p,k]=\text{residue}(N,D)$$

其中,N 和 D 分别为 $F(z)$ 的分子多项式和分母多项式的系数向量;r 为部分分式的系数向量;p 为极点向量;k 为多项式的系数向量。也就是说,借助于函数 residue,可将

上述有理分式 $F(z)$ 展开为

$$F(z)=\frac{N(z)}{D(z)}=\frac{r(1)}{1-p(1)z^{-1}}+\cdots+\frac{r(n)}{1-p(n)z^{-1}}+k(1)$$
$$+k(2)z^{-1}+\cdots+k(m-n+1)z^{-(m-n)}$$

例 5.3-2 已知 $F(z)=\dfrac{z^3+6}{(z+1)(z^2+4)}$，收敛域 $|z|>2$，求 $f(k)$。

解 使用 Matlab 求解本例的部分分式展开的命令如下：

```
>> b=[1 0 0 6]; a=poly([0 -1 j*2 -j*2]);   %(8-52)的极点转换成多项式系数
>> [r,p,k]=residue(b,a)
r=
    0.2500+0.5000i                         %F(z)/z 的部分分式的留数(r)
    0.2500-0.5000i
   -1.0000
    1.5000
p=                                         %极点(p)
   -0.0000+2.0000i
   -0.0000-2.0000i
   -1.0000
         0
k=
    []
>> abs(r)                                  %求模
ans=
    0.5590
    0.5590
    1.0000
    1.5000
>> angle(r)*180/pi                         %求相位
ans=
   63.4349
  -63.4349
  180.0000
         0
```

部分分式展开式为

$$\frac{F(z)}{z}=\frac{z^3+6}{z(z+1)(z^2+4)}=\frac{1.5}{z}+\frac{-1}{z+1}+\frac{0.25+j0.5}{z-j2}+\frac{0.25-j0.5}{z+j2}$$

或

$$\frac{F(z)}{z}=\frac{z^3+6}{z(z+1)(z^2+4)}=\frac{1.5}{z}+\frac{-1}{z+1}+\frac{0.559\angle 63.4°}{z-j2}+\frac{0.559\angle -63.4°}{z+j2}$$

3. 前向差分方程的 Z 变换解

现以二阶系统为例，设线性时不变系统的输入为 $f(k)$，响应为 $y(k)$，则可用线性常系数差分方程描述系统，即

$$a_2 y(k+2) + a_1 y(k+1) + a_0 y(k) = b_2 f(k+2) + b_1 f(k+1) + b_0 f(k) \tag{5.3-2}$$

1) 已知零输入初始值 $y_{zi}(0)$ 和 $y_{zi}(1)$

对式(5.3-2)两边取 Z 变换,有

$$(a_2 z^2 + a_1 z + a_0)Y(z) - a_2 y_{zi}(0) z^2 - a_2 y_{zi}(1) z - a_1 y_{zi}(0) z = (b_2 z^2 + b_1 z + b_0)F(z)$$

整理得

$$Y(z) = \frac{(a_2 z^2 + a_1 z) y_{zi}(0) + a_2 y_{zi}(1) z}{a_2 z^2 + a_1 z + a_0} + \frac{b_2 z^2 + b_1 z + b_0}{a_2 z^2 + a_1 z + a_0} F(z) \tag{5.3-3}$$

式(5.3-3)的第一项为零输入响应,第二项为零状态响应。

2) 已知系统初始值 $y(0)$ 和 $y(1)$

如果已知系统响应初始值 $y(0), y(1)$。对原方程式两边取 Z 变换,有

$$(a_2 z^2 + a_1 z + a_0)Y(z) - a_2 y(0) z^2 - a_2 y(1) z - a_1 y(0) z$$
$$= (b_2 z^2 + b_1 z + b_0)F(z) - b_2 f(0) z^2 - b_2 f(1) z - b_1 f(0) z$$

令 $M(z) = (a_2 z^2 + a_1 z) y(0) + a_2 y(1) z - (b_2 z^2 + b_1 z) f(0) - b_2 f(1) z$,则

$$Y(z) = \frac{M(z)}{a_2 z^2 + a_1 z + a_0} + \frac{b_2 z^2 + b_1 z + b_0}{a_2 z^2 + a_1 z + a_0} F(z) \tag{5.3-4}$$

例 5.3-3 描述某离散系统的差分方程为 $y(k+2) + 3y(k+1) + 2y(k) = f(k+1) + 3f(k)$,激励信号 $f(k) = \varepsilon(k)$,若初始条件 $y_{zi}(1) = 1, y_{zi}(2) = 3$,试分别求其零输入响应 $y_{zi}(k)$、零状态响应 $y_{zs}(k)$ 和全响应。

解 令原方程中 $k=0$,得零输入时的方程为

$$y_{zi}(2) + 3y_{zi}(1) + 2y_{zi}(0) = 0$$

解得初始值为 $y_{zi}(0) = -3$,故初始值向量为 y0=[-3 1]。

用 Matlab 编写的程序如下:

```
% 用 Z 变换计算前向差分方程的零输入响应、零状态响应和全响应
% 这是一个求二阶前向差分方程的通用程序    e5_3_1.m
% 特征根为复根,不能计算
% 已知 yzi(0),yzi(1),则令 f=[0 0];已知 y(0),y(1),则必须输入 f=[f(0) f(1)]
syms z real
a=[1 3 2];                    % 差分方程左边系数 an
b=[0 1 3];                    % 差分方程左边系数 bm
F=z/(z-1);                    % 输入信号 Z 变换
y0=[-3 1];                    % 初始条件 y(0),y(1)等
f=[0 0];                      % 输入的初值 f(0),f(1)等
Zn=[z^2 z 1];                 % z 的多项式
An=a*Zn';                     % 形成分母多项式
B=b*Zn';                      % 形成分子多项式
H=B/An;                       % 计算系统函数 H(z)
Yzs=H.*F;                     % 计算零状态响应的 Z 变换
yzs=iztrans(Yzs);             % 反 Z 变换
disp('零状态响应')
```

```
pretty(yzs)
A=[a(1)*z^2+a(2)*z a(1)*z];
Bf=[b(1)*z^2+b(2)*z b(1)*z];
Y0s=A*y0'−Bf*f';            % 形成分子多项式
Yzi=Y0s/An;                 % 计算零输入响应的 Z 变换
yzi=iztrans(Yzi);           % 反 Z 变换
disp('零输入响应')
pretty(yzi)
y=yzs+yzi;                  % 计算全响应
disp('全响应')
pretty(y)
```

程序运行后,在命令窗口显示的结果如下:

>> 零状态响应

$$-(-1)^n+1/3\,(-2)^n+2/3$$

零输入响应

$$-5(-1)^n+2(-2)^n$$

全响应

$$-6(-1)^n+7/3(-2)^n+2/3$$

4. 后向差分方程的 Z 变换解

以二阶系统为例,设线性时不变系统的输入为 $f(k)$,响应为 $y(k)$,则可用线性常系数差分方程描述系统,即

$$a_2 y(k)+a_1 y(k-1)+a_0 y(k-2)=b_2 f(k)+b_1 f(k-1)+b_0 f(k-2)$$

设输入为因果信号,则初始值 $y_{zi}(-1)=y(-1)$,$y_{zi}(-2)=y(-2)$。

对原方程两边取 Z 变换,有

$$(a_2+a_1 z^{-1}+a_0 z^{-2})Y(z)+a_0 y_{zi}(-1)z^{-1}+a_0 y_{zi}(-2)+a_1 y_{zi}(-1)$$
$$=(b_2+b_1 z^{-1}+b_0 z^{-2})F(z)$$

整理得

$$Y(z)=\frac{-(a_0 z^{-1}+a_1)y_{zi}(-1)-a_0 y_{zi}(-2)}{a_2+a_1 z^{-1}+a_0 z^{-2}}+\frac{b_2+b_1 z^{-1}+b_0 z^{-2}}{a_2+a_1 z^{-1}+a_0 z^{-2}}F(z) \quad (5.3\text{-}5)$$

式(5.3-5)的第一项为零输入响应,第二项为零状态响应。即

$$Y(z)=Y_{zi}(z)+Y_{zs}(z)$$

例 5.3-4 描述某线性非移变系统的差分方程为 $y(k)+3y(k-1)+2y(k-2)=2^k \varepsilon(k)$ 试求:

初始状态为 $y(-1)=0$,$y(-2)=\frac{1}{2}$ 的全响应。

解 用 Matlab 编写的程序如下:

```
% 用 Z 变换计算后向差分方程的零输入响应、零状态响应、全响应
% 这是一个求二阶后向差分方程的通用程序     e5_3_2.m
```

```
% 特征根为复根不能计算
syms z real
a=[1 3 2];                          % 差分方程左边系数 an
b=[1 0 0];                          % 差分方程右边系数 bm
F=z/(z-2);                          % 输入信号 Z 变换
y0=[0 0.5];                         % 初始条件 y(-1),y(-2)
Zn=[1 1/z z^-2];                    % z 的多项式
An=a*Zn';                           % 形成分母多项式
B=b*Zn';                            % 形成分子多项式
H=B/An;                             % 计算系统函数 H(z)
Yzs=H.*F;                           % 计算零状态响应的 Z 变换
yzs=iztrans(Yzs);                   % 反 Z 变换
disp('零状态响应')
pretty(yzs)
A=[a(3)/z+a(2) a(3)];
Bf=[b(3)/z+b(2) b(3)];
Y0s=-A*y0';                         % 形成分子多项式
Yzi=Y0s/An;                         % 计算零输入响应的 Z 变换
yzi=iztrans(Yzi);                   % 反 Z 变换
disp('零输入响应')
pretty(yzi)
y=yzs+yzi;                          % 计算全响应
disp('全响应')
pretty(y)
```

程序运行后在命令窗口显示的结果如下：

>> 零状态响应

$$-1/3(-1)^n+(-2)^n+1/3 \quad 2^n$$

零输入响应

$$(-1)^n-2 \quad (-2)^n$$

全响应

$$2/3(-1)^n-(-2)^n+1/3 \quad 2^n$$

5.3.3 实验内容

13-1 求下列序列的 Z 变换：

(a) $f(k)=(2)^{k+2}\varepsilon(k)$; (b) $f(k)=(2)^{k+2}\varepsilon(k-1)$;

(c) $f(k)=(k+1)(2)^k\varepsilon(k)$; (d) $f(k)=(k-1)(2)^{k+2}\varepsilon(k-1)$。

13-2 求下列 $F(z)$ 的逆变换 $f(k)$：

(a) $F(z)=\dfrac{z}{(z-1)^2(z-2)}$ $(|z|>2)$; (b) $F(z)=\dfrac{z^2}{(ze-1)^3}$ $\left(|z|>\dfrac{1}{e}\right)$;

(c) $F(z)=\dfrac{1}{1+0.5z^{-1}}$ $(|z|>0.5)$; (d) $F(z)=\dfrac{1-0.5z^{-1}}{1+\dfrac{3}{4}z^{-1}+\dfrac{1}{8}z^{-2}}$ $(|z|>0.5)$;

(e) $F(z)=\dfrac{1-\dfrac{1}{2}z^{-1}}{1-\dfrac{1}{4}z^{-1}}$ $(|z|>0.25)$; (f) $F(z)=\dfrac{1-az^{-1}}{z^{-1}-a}$ $\left(|z|>\left|\dfrac{1}{a}\right|\right)$。

13-3 用单边 Z 变换解下列各差分方程：
(a) $y(k)-0.9y(k-1)+0.2y(k-2)=0.5^k\varepsilon(k), y(-1)=1, y(-2)=-4$；
(b) $y(k+2)-0.7y(k+1)+0.1y(k)=7f(k+2)-2f(k+1), y(0)=0, y(1)=3, f(k)=\varepsilon(k)$。

5.3.4 实验步骤和方法

1. 用 ztrans、iztrans 求实验 13-1 和 13-2。在命令窗口求解即可。
2. 仿照例 5.3-3 和例 5.3-4 的方法，完成实验 13-3 的编程。上机调试程序，与理论计算结果比较。

5.3.5 预习要点

1. 学习有关 Matlab 函数的用法。主要函数有 ztrans、iztrans、pretty、charfcn[0](k)、[r,p,k]=residue(N,D) 等。
2. 学习有关 Matlab 的符号基本运算，如对符号矩阵进行加、减、乘、除运算，符号代数方程的解法。
3. 用 Z 变换求解前向和后向差分方程的原理和方法，以及初始值的概念。
4. 什么是离散系统的零输入响应、零状态响应？
5. 如何用部分分式法求 Z 反变换？Matlab 如何实现？

5.3.6 实验报告要求

1. 实验内容中详细说明用 Z 变换求解差分方程的方法，根据求出的后向差分方程的数学模型编写程序。
2. 简述上机调试程序的方法。
3. 根据实验观测结果，归纳、总结差分方程用 Z 变换求解的方法。
4. 简述心得体会及其他。

5.4 实验 14 离散系统的时域和频域分析

5.4.1 实验目的

1. 学习用 Matlab 绘制离散系统零极点分布图、冲激响应波形、频率响应曲线图的方法。

2. 通过运行系统零极点分布与冲激响应的关系的演示程序,加深系统零极点分布对时域响应影响的理解,建立系统稳定性的概念。

3. 学习用 Matlab 计算离散系统响应的数值方法,包括冲激响应、零输入响应、零状态响应和全响应。

4. 研究系统零极点分布与频率响应的关系,学习用 Matlab 研究频率响应的方法。

5.4.2 实验原理与计算示例

1. 系统零极点分布与冲激响应的关系

已知线性非时变因果系统的系统函数为

$$H(z) = \frac{N(z)}{D(z)} = \frac{b_m z^m + b_{m-1} z^{m-1} + \cdots + b_1 z + b_0}{a_n z^n + a_{n-1} z^{n-1} + \cdots + a_1 z + a_0}$$

若分子多项式 $N(z)$ 的阶次高于分母多项式,即 $m > n$,则 $H(z)$ 可分解为 z 的有理多项式与 z 的有理真分式之和。有理多项式部分比较容易分析,故我们讨论 $H(z)$ 为有理真分式的情况,即上式中 $m \leqslant n$ 的情况。

设系统函数 $H(z)$ 具有单极点时,系统函数 $H(z)$ 可按部分分式法展开为

$$H(z) = \sum_{i=1}^{n} \frac{z K_i}{z - p_i} \tag{5.4-1}$$

系统的冲激响应 $h(k)$ 为

$$h(k) = \sum_{i=1}^{n} C_i (p_i)^k \varepsilon(k) \tag{5.4-2}$$

从式(5.4-2)可知,冲激响应 $h(k)$ 的性质完全由系统函数 $H(z)$ 的极点 p_i 决定,p_i 为系统的自然频率或固有频率,而待定系数 C_i 由零点和极点共同决定。

系统零极点分布与冲激响应有如下关系:

(1) 极点决定了冲激响应 $h(k)$ 的形式,而各系数 C_i 则由零点、极点共同决定;

(2) 系统的稳定性由极点在 z 平面上的分布决定,而零点不影响稳定性;

(3) 极点分布在 z 平面的单位圆内,系统是稳定的。极点在单位圆上有单极点,系统是临界稳定的。极点在 z 平面的单位圆外或在单位圆上有重极点,系统不稳定。

用 Matlab 画 z 平面零极点图的函数为

zplane(b,a)

计算离散系统的冲激响应的函数 impz(),有下面几种格式:

[h n]=impz(b,a) 或 h=impz(b,a)

[h n]=impz(b,a,n) 或 h=impz(b,a,n)

其中,b 和 a 分别是系统函数 $H(z)$ 的分子多项式和分母多项式的系数矩阵,若分子多项式和分母多项式的系数的个数不等,则用零补充;n 为抽样时间点数。impz(b,a)则可自动绘制单位冲激响应的图形。

2. 系统零极点分布与频率响应的关系

系统的零极点分布包含了系统的频率特性。几何向量法是通过系统零极点分布来分析连续系统频率响应 $H(e^{j\omega})$ 的一种直观的方法。但是对于零极点较多的系统,用这种方法就比较麻烦。

Matlab 提供了专用绘制频率响应的函数。信号处理工具箱提供的函数 freqz 可直接计算系统的频率响应,其一般调用形式为

$$[H,w] = \text{freqz}(b,a)$$

其中,b 为系统函数 $H(z)$ 的有理多项式中分子多项式的系数向量;a 为分母多项式的系数向量;w 为需计算的频率抽样点向量(取 $\omega = 0 \sim \pi$),单位为 rad/s。如果没有输出参数,直接调用

$$\text{freqz}(b,a)$$

则 Matlab 会在当前绘图窗口中自动画出幅频和相频响应曲线图形。不过横坐标频率将取线性刻度,幅频特性的纵坐标取分贝刻度,相频特性的纵坐标取度数。

例 5.4-1 已知一离散因果线性时不变系统系统的系统函数为

$$H(z) = \frac{z^2 + 2z + 1}{z^3 - 0.5z^2 - 0.005z + 0.3}$$

试画出系统的零极点分布图,求系统的单位冲激响应 $h(k)$ 和频率响应 $H(e^{j\omega})$,并判断系统是否稳定。

解 如果已知系统函数,求系统的单位冲激响应和频率响应,可分别使用 Matlab 中的函数 impz 和 freqz 来求解。

根据已知的 $H(z)$,用 zplane 即可画出系统的零极点分布图。而利用函数 impz 和 freqz 求系统的单位冲激响应和频率响应时需要将 $H(z)$ 改写成

$$H(z) = \frac{z^{-1} + 2z^{-2} + z^{-3}}{1 - 0.5z^{-1} - 0.005z^{-2} + 0.3z^{-3}}$$

用 Matlab 编写的程序如下:

```
% 画例 5.4-1 的冲激响应和频率响应    e5_4_1.m
b=[0,1,2,1];                        % 分子系数
a=[1,-0.5,-0.005,0.3];              % 分母系数
figure(1);zplane(b,a);
n=0:25;
[h n]=impz(b,a,n);                  % 求冲激响应
figure(2);mystem(h)
xlabel('k')
title('冲激响应')
[H,w]=freqz(b,a);                   % 求频率响应
figure(3);myplot(w/pi,abs(H))
xlabel('频率\omega (x\pi rad/sample)')
title('幅度响应')
```

```
figure(4);myplot(w/pi,unwrap(angle(H) * 180/pi))
xlabel('频率\omega (x\pi rad/sample)''),title('相位响应')
```

程序运行后显示的图形如图 5.4-1 所示。图 5.4-1(a)为系统函数的零极点分布图，由于极点都在单位圆内，故系统是稳定的。

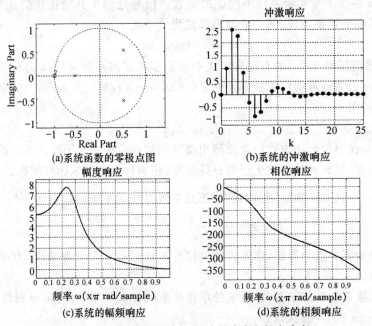

图 5.4-1　系统的零极点图、冲激响应和频率响应

3. 离散系统时域分析的数值解

用 Matlab 分析离散系统的常用函数是：

画零极点分布图的函数　　zplane(b,a);
计算系统冲激响应的函数　impz(b,a);
计算系统全响应的函数　　filter(b,a,x,zi).

其中，b 为系统函数 $H(z)$ 的分子多项式系数向量；a 为分母多项式系数向量；x 为输入信号；zi 为系统的初始值。注意，zi 并不是 $y(-1)$，$y(-2)$。它可以由以下推导求得。

设输入 $f(k)=0$，二阶差分方程为

$$y_{zi}(k)+a_1 y_{zi}(k-1)+a_2 y_{zi}(k-2)=0$$

对上式进行 Z 变换，有

$$Y(z)+a_1[z^{-1}Y(z)+y(-1)]+a_2[z^{-2}Y(s)+z^{-1}y(-1)+y(-2)]=0$$

零输入响应为

$$Y_{zi}(z)=\frac{-[a_1 y(-1)+a_2 y(-2)]-a_2 y(-1)z^{-1}}{1+a_1 z^{-1}+a_2 z^{-2}}$$

因此，$zi=\{-[a_1y(-1)+a_2y(-2)],-a_2y(-1)\}$，它可以由函数 filtic 求得。
$$filtic(b,a,y0,x0)$$
其中，y0 为 $y(k)$ 的初始值；x0 为 $f(k)$ 的初始值。

例 5.4-2 求差分方程 $y(k)-1.5y(k-1)+y(k-2)=2f(k-2)$ 的数值解。
其中，输入信号 $f(k)=\varepsilon(k)$；初始条件 $y(-1)=1;y(-2)=2$。

解 用 Matlab 编写的程序如下：

```
% 离散系统的数值解   e5_4_2.m
a=[1 -1.5 1];b=[0 0 2];
k=0:30;f=u(k);
zi=filtic(b,a,[1 2]);
y=filter(b,a,f,zi);
mystem(k,y),xlabel('k'),ylabel('y(k)')
```

程序运行后系统响应波形如图 5.4-2 所示。可见与迭代法得出的结果一致。

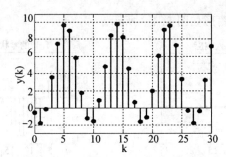

图 5.4-2 例 5.4-2 的系统响应波形

例 5.4-3 已知差分方程为
$$y(k)-1.143y(k-1)+0.4128y(k-2)$$
$$=0.0675f(k)+0.1349f(k-1)+0.0675f(k-2)$$

(a) 初始条件 $y(-1)=1,y(-2)=2$，求系统的零输入响应并作图。

(b) 有三个信号分别通过系统：$f_1(k)=\cos\left(\dfrac{\pi}{10}k\right)\varepsilon(k)$，$f_2(k)=\cos\left(\dfrac{\pi}{5}k\right)\varepsilon(k)$，$f_3(k)=\cos\left(\dfrac{7\pi}{10}k\right)\varepsilon(k)$，分别计算零状态响应并作图。

(c) 作出系统的频率特性，指出这是一个什么类型的系统。

解 用 Matlab 的编写的程序如下：

```
% 离散系统的数值解   e5_4_3.m
a=[1 -1.143 0.4128];b=[0.0675 0.1349 0.0675];
k=0:30;
f1=cos(pi/10.*k);f2=cos(pi/5.*k);f3=cos(7*pi/10.*k);
```

```
zi=filtic(b,a,[1 2]);
f=zeros(1,26);
yzi=filter(b,a,f,zi);
figure(1),mystem([0:25],yzi)
xlabel('k'),title('零输入响应')
y1=filter(b,a,f1);y2=filter(b,a,f2);y3=filter(b,a,f3);
figure(2),mystem(k,y1)
xlabel('k'),title('f1(k)的零状态响应')
figure(3),mystem(k,y2)
xlabel('k'),title('f2(k)的零状态响应')
figure(4),mystem(k,y3)
xlabel('k'),title('f3(k)的零状态响应')
[H,w]=freqz(b,a);
figure(5);myplot(w/pi,abs(H))
xlabel('频率\omega (x\pi rad/sample)'),title('幅度响应')
figure(6);myplot(w/pi,angle(H)*180/pi)
xlabel('频率\omega (x\pi rad/sample)'),title('相位响应')
```

程序运行后显示的图形如图 5.4-3 所示。

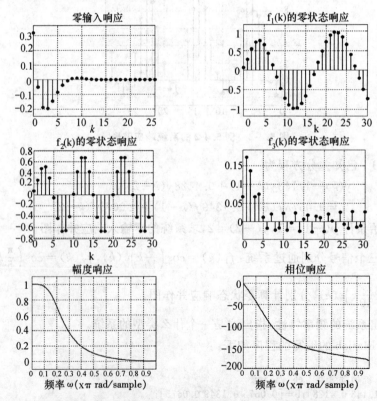

图 5.4-3 例 5.4-3 的系统响应、幅频特性和相频特性

从幅频特性图上可看出,该系统是低通滤波器。从三个激励的响应来看,$f_1(k)$是角频率为 0.1π 的正弦信号,经过低通滤波器后的输出几乎没有衰减;$f_2(k)$是角频率为 0.2π 的正弦信号,经过低通滤波器后的输出有些衰减;$f_3(k)$是角频率为 0.7π 的正弦信号,经过低通滤波器后的输出衰减最多,充分显示了其低通特性。

5.4.3 实验内容

14-1 用"离散系统零极点和冲激响应的关系"程序,观察零极点对冲激响应的影响,加深对系统稳定性的理解。

画出下列系统的零极点分布图和冲激响应,确定系统的稳定性:

(a) $H(z) = \dfrac{1+z^{-2}+2z^{-3}}{2-0.5z^{-2}+0.25z^{-3}}$;   (b) $H(z) = \dfrac{z^{-1}+1.5z^{-2}+4z^{-3}}{1+0.5z^{-2}+1.5z^{-3}}$;

(c) $H(z) = \dfrac{0.15(z^2-1)}{z^2+0.7}$;   (d) $H(z) = \dfrac{2(z^2+4)}{z(z+0.5)(z^2+1)}$。

14-2 已知系统函数为 $H(z) = \dfrac{1+2z^{-1}}{1+0.4z^{-1}-0.12z^{-2}}$,求:

(a) 系统的冲激响应 $h(k)$ 的波形;

(b) 输入 $f(k) = \varepsilon(k)$,求系统的零状态响应 $y_{zs}(k)$ 的波形;

(c) 输入 $f(k) = \varepsilon(k)$,初始条件 $y(-1) = 1, y(-2) = 2$,求系统的全响应的波形。

14-3 对每一个滤波器,画出其幅度和相位频谱图,并说明滤波器的类型:

(a) $h(k) = \delta(k) - \delta(k-2)$;

(b) $y(k) - 0.25y(k-1) = f(k) - f(k-1)$;

(c) $H(z) = \dfrac{z-2}{z-0.5}$。

14-4 已知一个因果离散系统的系统函数为

$$H(z) = \dfrac{0.035\,71 + 0.142\,81z^{-1} + 0.214\,3z^{-2} + 0.142\,8z^{-3} + 0.035\,71z^{-4}}{1 - 1.035z^{-1} + 0.826\,4z^{-2} - 0.260\,5z^{-3} + 0.040\,33z^{-4}}$$

(a) 作出系统的零极点图,绘出幅频特性和相频特性曲线;

(b) 作出系统的冲激响应波形;

(c) 已知输入为 $f(k) = \left[1 + \cos\left(\dfrac{\pi}{4}k\right) + \cos\left(\dfrac{\pi}{2}k\right)\right]\varepsilon(k)$,计算系统的零状态响应 $y_{zs}(k)$,并绘出输入和输出波形。

5.4.4 实验步骤和方法

1. 在 Matlab 的命令窗口输入:
>>DSZPH

屏幕显示"离散系统零极点与冲激响应的关系"图形用户界面。

(1) 观察极点分布的三种情况,即 z 平面的单位圆内、单位圆上、单位圆外;观察四种极点的组合,即单极点、重极点、实极点、复极点;理解零极点分布与冲激响应的关系,加深系统稳定性的认识。

(2) 在"零极点与冲激响应的关系"中,可以输入任意系统函数的零点和极点或分子、分母,适当调整时间坐标值,就可显示出它的零极点图和相应的冲激响应,将实验 14-1 用 DSZPH 演示程序观察。

2. 学习理解离散系统数值解的原理,用 impz、filtic、filter 等函数计算实验 14-2。

3. 仿照例 5.4-1 的方法,完成实验 14-3 的编程。上机调试程序,画出零极点图、幅频和相频特性图,根据题目要求说明滤波器的类型。

4. 参考例 5.4-3,对实验 14-4 进行计算。

5.4.5 预习要点

1. 学习有关 Matlab 函数的用法。主要函数有 freqz, filtic, impz, filter, zplane 等。

2. 系统的零点和极点对系统冲激响应有何影响?什么是系统的稳定性?稳定系统有什么条件?

3. 如何用 Matlab 画离散系统的幅频特性和相频特性?画系统函数的零极点分布图?

4. 数字滤波器有哪些类型?

5.4.6 实验报告要求

1. 实验 14-1 只要求观察图形,图形不写在实验报告内。

2. 根据实验 14-2 至实验 14-4 编写程序,以及绘出各种波形图。根据题目要求对各种频率响应图加以比较说明。

3. 简述上机调试程序的方法。

4. 简述心得体会及其他。

系统的状态变量分析

本章主要学习系统的状态变量分析的 Matlab 实现方法。首先用 Matlab 实现几种系统模型之间的相互转换,学习状态方程的数值解的方法。加深对系统零输入响应、零状态响应的理解,然后掌握 Matlab 的拉普拉斯变换和 Z 变换对系统状态方程的分析及应用,最后,可用迭代法对连续和离散系统进行分析。

6.1 实验 15 连续系统状态方程的数值解

6.1.1 实验目的

1. 学习使用 Matlab 的各种系统模型转换函数,加深对系统模型几种形式的理解。

2. 学习用 Matlab 计算连续系统状态方程的数值方法,加深对连续系统状态方程、系统零输入响应、零状态响应的理解。

6.1.2 实验原理与计算示例

1. 系统模型的相互转换

线性非时变系统的系统模型有以下几种。

(1) 状态空间型

$$\dot{x}(t) = A \cdot x(t) + B \cdot f(t)$$
$$y(t) = C \cdot x(t) + D \cdot f(t) \tag{6.1-1}$$

(2) 系统函数的多项式型

$$H(s)=\frac{b(1)s^m+b(2)s^{m-1}+\cdots b(m)s+b(m+1)}{a(1)s^n+a(2)s^{n-1}+\cdots a(n)s+a(n+1)} \tag{6.1-2}$$

(3) 系统函数的零极点型

$$H(s)=k\frac{[s-z(1)][s-z(2)]\cdots[s-z(m)]}{[s-p(1)][s-p(2)]\cdots[s-p(n)]} \tag{6.1-3}$$

(4) 极点留数型

$$H(s)=\frac{r(1)}{s-p(1)}+\frac{r(2)}{s-p(2)}+\cdots\frac{r(n)}{s-p(n)}+k \tag{6.1-4}$$

它们都能描述系统的特性,但各有不同的应用场合。对于线性非时变系统,这几种模型是可以互相转换的。用 Matlab 就可以实现这一转换。

1) 状态空间型与系统函数的多项式型互相转换

Matlab 提供的函数:

$$[b,a]=ss2tf(A,B,C,D)$$

将状态空间型转换成 $H(s)$ 的多项式型。其中,b,a 为 $H(s)$ 的分子、分母多项式系统;A,B,C,D 为状态空间型的系数矩阵。

$$[A,B,C,D]=tf2ss(b,a)$$

表示将 $H(s)$ 的多项式型转换成状态空间型。

如系统函数为 $H(s)=\dfrac{4s+10}{s^3+8s^2+19s+12}$,由 $H(s)$ 的多项式型转换成状态空间型,在命令窗口输入命令:

```
>> b=[4 10];
>> a=[1 8 19 12];
>> [A,B,C,D]=tf2ss(b,a)
A=
    -8   -19   -12
     1     0     0
     0     1     0
B=
     1
     0
     0
C=
     0     4    10
D=
     0
```

再由状态空间型转换成 $H(s)$ 的多项式型,在命令窗口输入命令:

```
>> [b,a]=ss2tf(A,B,C,D)
b=
     0   0.0000   4.0000   10.0000
```

a=
   1.0000   8.0000   19.0000   12.0000

2）状态空间型与系统函数的零极点型互相转换

Matlab 提供的函数：
$$[z,p,k]=ss2zp(A,B,C,D)$$
将状态空间型转换成 $H(s)$ 的零极点型。其中，z,p,k 分别为 $H(s)$ 的零点、极点、增益；A,B,C,D 分别为状态空间型的系数矩阵。
$$[A,B,C,D]=zp2ss(z,p,k)$$
表示将 $H(s)$ 的零极点型转换成状态空间型。

3）系统函数的零极点型与多项式型互相转换

（1）将 $H(s)$ 多项式型转换成零极点型　　[z,p,k]=tf2zp(b,a);

（2）将 $H(s)$ 的零极点型转换成多项式型　　[b,a]=zp2tf(z,p,k)。

4）系统函数的极点留数型与多项式型互相转换

（1）将 $H(s)$ 多项式型转换成极点留数型　　[r,p,k]=residue(b,a);

（2）将 $H(s)$ 的极点留数型转换成多项式型　　[b,a]=residue(r,p,k)。

例 6.1-1　已知描述系统的微分方程为
$$2y'''(t)+3y''(t)+5y'(t)+9y(t)=2f''(t)-5f'(t)+3f(t)$$
求出它的四种模型。

解　用 Matlab 计算的程序如下：

```
% 系统模型相互转换的程序   e6_1_1.m
format compact
b=input('系统函数分子系数数组 b=');
a=input('系统函数分母系数数组 a=');
printsys(b,a,'s')
disp('零极点型模型')
[z,p,k]=tf2zp(b,a)
disp('极点留数型模型')
[r,p,k]=residue(b,a)
disp('状态空间型模型')
[A,B,C,D]=tf2ss(b,a)
```

程序运行后结果显示如下：

系统函数分子系数数组 b=[2 −5 3]
系统函数分母系数数组 a=[2 3 5 9]
num/den=
$$\frac{2\ s^2-5\ s+3}{2\ s^3+3\ s^2+5\ s+9}$$
零极点型模型

```
z=
    1.5000
    1.0000
p=
   -1.6441
    0.0721+1.6528i
    0.0721-1.6528i
k=
    1
```
极点留数型模型
```
r=
   -0.2322+0.4716i
   -0.2322-0.4716i
    1.4644
p=
    0.0721+1.6528i
    0.0721-1.6528i
   -1.6441
k=
   []
```
状态空间型模型
```
A=
   -1.5000   -2.5000   -4.5000
    1.0000         0         0
         0    1.0000         0
B=
    1
    0
    0
C=
    1.0000   -2.5000   1.5000
D=
    0
```

2. 用 lsim 求系统响应的数值解

在前面曾用过该函数,它的功能特别强大,能对系统函数模型和状态空间模型对线性非时变系统进行仿真,对状态空间模型可以求系统全响应、零输入响应、零状态响应的数值解。

计算并画出系在任意输入下的零状态响应的函数为 lsim(),调用格式为

$$lsim(sys,u,t)$$

$$lsim(sys,u,t,x0)$$

$$[y,t,x]= lsim(sys,u,t,x0)$$

其中,sys 是状态空间形式的系统函数;u 为输入信号;x0 为初始状态;y 为系统响应变量;x 为状态变量。

例 6.1-2 设某系统的状态方程和输出方程为

$$\begin{bmatrix} \dot{x}_1 \\ \dot{x}_2 \end{bmatrix} = \begin{bmatrix} 1 & 0 \\ 1 & -3 \end{bmatrix} \cdot \begin{bmatrix} x_1 \\ x_2 \end{bmatrix} + \begin{bmatrix} 1 \\ 0 \end{bmatrix} \cdot f(t)$$

$$y(t) = \begin{bmatrix} -\dfrac{1}{4} & 1 \end{bmatrix} \cdot \begin{bmatrix} x_1 \\ x_2 \end{bmatrix}$$

系统的初始状态为 $x_1(0)=1, x_2(0)=2$,输入信号 $f(t)=15\sin(2\pi t) \cdot \varepsilon(t)$,试求状态变量 $x_1(t), x_2(t)$ 和输出 $y(t)$ 的零输入响应、零状态响应和全响应的数值解。

解 用 Matlab 计算的程序如下:

```
% 计算状态方程和输出方程的数值解   e6_1_2.m
t=0:0.01:3;
A=[1 0;1 -3];B=[1 0]';C=[-0.25 1];D=[0];
zi=[1 2];                              % 初始条件
f=15*sin(2*pi*t);                      % 输入信号
sys=ss(A,B,C,D)
[y,t,x]=lsim(sys,f,t,zi);              % 计算全响应
f=zeros(1,length(t));                  % 令输入为零
yzi=lsim(sys,f,t,zi);                  % 计算零输入响应
f=15*sin(2*pi*t);
zi=[0 0];                              % 令初始条件为零
yzs=lsim(sys,f,t,zi);                  % 计算零状态响应
figure(1)
plot(t,x(:,1),'-',t,x(:,2),'-.','linewidth',2)
legend('x(1)','x(2)')                  % 显示图例
title('状态变量波形')
xlabel('t (sec)')
figure(2)
plot(t,y,'-',t,yzi,'-.',t,yzs,':','linewidth',2)
legend('y','yzi','yzs')                % 显示图例
title('系统响应,零输入响应,零状态响应')
xlabel('t (sec)')
```

程序运行后系统全响应、零输入响应、零状态响应显示在图 6.1-1 中。

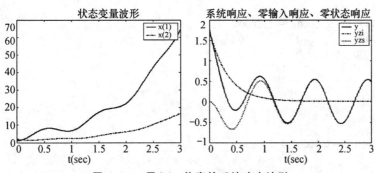

图 6.1-1 用 lsim 仿真的系统响应波形

通过理论分析可知,状态变量由于系统特征根为正值而发散,系统响应由于系统极点为正值的根被抵消而稳定。以上分析证明了这一点。

6.1.3 实验内容

15-1 已知下列系统模型,试用 Matlab 将其转换成其他三种形式的模型:

(a) $H(s)=\dfrac{s^3+2s-2}{s^3+2s^2-s-2}$;

(b) $\boldsymbol{A}=\begin{bmatrix} 1 & 2 \\ -2 & -6 \end{bmatrix}, \boldsymbol{B}=\begin{bmatrix} -3 \\ 2 \end{bmatrix}, \boldsymbol{C}=[1\ 2], \boldsymbol{D}=[0]$;

(c) $H(s)=\dfrac{s-2}{s(s+1)^3}$。

15-2 设系统的微分方程为

$$y'''(t)+8y''(t)+19y'(t)+12y(t)=4f'(t)+10f(t)$$

(a) 写出系统的状态方程和输出方程;

(b) 若输入信号 $f(t)=5e^{-t}\varepsilon(t)$,初始状态 $x_1(0)=x_2(0)=x_3(0)=1$,试求状态变量 $x_1(t),x_2(t),x_3(t)$ 和输出 $y(t)$ 的零输入响应、零状态响应和全响应的数值解。

15-3 设系统函数为

$$H(s)=\dfrac{s-2}{s(s+1)^3}$$

(a) 写出系统的状态方程和输出方程;

(b) 若输入信号 $f(t)=e^{-t}\varepsilon(t)+3e^{-2t}\varepsilon(t)$,试求系统的零状态响应的数值解。

6.1.4 实验步骤和方法

1. 仿照例 6.1-1 的方法用 Matlab 的模型转换函数完成实验 15-1。要注意:状态变量的模型并不是唯一的。如

```
>> b=[2 -5 3];a=[2 3 5 9];[A,B,C,D]=tf2ss(b,a)
A=
  -1.5000   -2.5000   -4.5000
   1.0000        0         0
        0    1.0000         0
B=
   1
   0
   0
C=
   1.0000   -2.5000    1.5000
D=
   0
```

```
>> [z,p,k]=tf2zp(b,a);[A,B,C,D]=zp2ss(z,p,k)
A=
   -1.6441        0          0
    1.0000   0.1441    -1.6544
         0   1.6544         0
B=
    1
    0
    0
C=
    1.0000   -2.3559   -0.7477
D=
    0
```

2. 仿照例 6.1-2 的方法,完成实验 15-2、15-3 的编程。上机调试程序。

6.1.5 预习要点

1. 学习有关 Matlab 函数的用法。主要函数有 ss2tf、tf2ss、ss2zp、zp2ss、tf2zp、zp2tf,[r,p,k]=residue(b,a),[b,a]=residue(r,p,k),lsim(sys,f,t,zi)等。
2. 描述系统的模型有哪些形式?这些模型之间如何转换?
3. 状态变量分析中的零输入响应、零状态响应与单输入输出系统的概念有什么不同?
4. 如何用 Matlab 计算这些响应?

6.1.6 实验报告要求

1. 根据实验内容编写程序。
2. 简述上机调试程序的方法。
3. 简述心得体会及其他。

6.2 实验 16 连续和离散系统状态方程的变换域解

6.2.1 实验目的

1. 学习用 Matlab 的拉普拉斯变换方法求解连续系统的状态方程。
2. 学习用 Matlab 的 Z 变换方法求解离散系统的状态方程。

6.2.2 实验原理与计算示例

1. 连续系统状态方程的拉普拉斯变换解

连续系统状态方程的一般形式为

$$\dot{x}(t) = A \cdot x(t) + B \cdot f(t)$$
$$y(t) = C \cdot x(t) + D \cdot f(t) \tag{6.2-1}$$

根据拉普拉斯变换的微分特性有

$$\mathscr{L}[\dot{x}(t)] = sX(s) - x(0_-)$$

应用以上关系，对状态方程取拉普拉斯变换，得

$$sX(s) - x(0_-) = A \cdot X(s) + B \cdot F(s)$$

即

$$[sI - A]X(s) = x(0_-) + B \cdot F(s) \tag{6.2-2}$$

式中：I 为 $n \times n$ 阶单位矩阵，于是

$$\begin{aligned} X(s) &= (sI - A)^{-1} x(0_-) + (sI - A)^{-1} B \cdot F(s) \\ &= F(s) x(0_-) + F(s) B \cdot F(s) \\ &= X_{zi}(s) + X_{zs}(s) \end{aligned}$$

式中：$F(s) = (sI - A)^{-1}$，称为状态转移矩阵，它是 $F(t) = e^{At}$ 的拉普拉斯变换。

对上式取拉普拉斯反变换，有

$$x(t) = x_{zi}(t) + x_{zs}(t) \tag{6.2-3}$$

第一项为 $x(t)$ 的零输入响应，第二项为 $x(t)$ 的零状态响应。

状态变量 $x(t)$ 求得后，输出 $Y(s)$ 也将方便地得到。对输出方程取拉普拉斯变换得

$$Y(s) = C \cdot X(s) + D \cdot F(s) \tag{6.2-4}$$

将 $X(s)$ 代入式(6.2-4)得

$$Y(s) = C(sI - A)^{-1} x(0_-) + [C(sI - A)^{-1} B + D] \cdot F(s) = Y_{zi}(s) + Y_{zs}(s)$$

式中：$Y_{zi}(s) = C(sI - A)^{-1} x(0_-)$ 为零输入响应；

$Y_{zs}(s) = [C(sI - A)^{-1} B + D] \cdot F(s)$ 为零状态响应。

最后得

$$y(t) = \mathscr{L}^{-1}[Y(s)] \tag{6.2-5}$$

例 6.2-1 设某系统的状态方程和输出方程为

$$\begin{bmatrix} \dot{x}_1 \\ \dot{x}_2 \end{bmatrix} = \begin{bmatrix} 1 & 0 \\ 1 & -3 \end{bmatrix} \cdot \begin{bmatrix} x_1 \\ x_2 \end{bmatrix} + \begin{bmatrix} 1 \\ 0 \end{bmatrix} \cdot f(t)$$

$$y(t) = \begin{bmatrix} -\dfrac{1}{4} & 1 \end{bmatrix} \cdot \begin{bmatrix} x_1 \\ x_2 \end{bmatrix}$$

系统的初始状态为 $x_1(0) = 1, x_2(0) = 2$，输入信号 $f(t) = 10\sin(9t)\varepsilon(t)$，试求状态变量 $x_1(t), x_2(t)$ 和输出 $y(t)$ 的零输入响应、零状态响应和全响应。

解 用 Matlab 的拉普拉斯变换求解程序如下：

```matlab
% 用拉普拉斯变换求解  e6_2_1.m
syms s t
A=[1 0;1 -3];B=[1 0]';C=[-0.25 1];D=[0];
x0=[1 2]';                          % 初始条件
F=10*9/(s^2+81);                    % 输入信号
Q=s*eye(2)-A;                       % 计算(sI-A)
Q=inv(Q);                           % 计算(sI-A)的逆
X=Q*x0+Q*B*F;                       % 计算状态变量 X(s)
disp('状态变量表达式')
x=ilaplace(X);                      % 拉普拉斯反变换 x(t)
x=simple(x)                         % 化简 x(t)
disp('零输入响应表达式')
Yzi=C*Q*x0;yzi=ilaplace(Yzi)        % 计算零输入响应 Yzi(t)
disp('零状态响应表达式')
Yzs=(C*Q*B+D)*F;yzs=simple(ilaplace(Yzs))  % 计算零状态响应 Yzs(t)
disp('输出表达式')
y=C*x                               % 计算全响应 y(t)
t=0:0.01:3;
x1=subs(x);y1=subs(y);              % 将符号变量转换成数值序列
figure(1)
plot(t,x1(1,:),'-',t,x1(2,:),'-.','linewidth',2)
legend('x(1)','x(2)')
title('状态变量波形')
xlabel('t(sec)')
figure(2)
y1=subs(y);yzi1=subs(yzi);yzs1=subs(yzs);
plot(t,y1,'-',t,yzi1,'-.',t,yzs1,':','linewidth',2)
legend('y','yzi','yzs')
title('系统响应,零输入响应,零状态响应')
xlabel('t(sec)')
```

程序运行后结果显示如下：

状态变量表达式
x=
[86/41*exp(t)-45/41*cos(9*t)-5/41*sin(9*t)]
[43/82*exp(t)+3/2*exp(-3*t)-1/41*cos(9*t)-14/123*sin(9*t)]
零输入响应表达式
yzi=
7/4*exp(-3*t)
零状态响应表达式
yzs=
-1/4*exp(-3*t)+1/4*cos(9*t)-1/12*sin(9*t)
输出表达式
y=
1/4*cos(9*t)-1/12*sin(9*t)+3/2*exp(-3*t)

程序运行后波形显示如图 6.2-1 所示。显然与实验 15 的数值解波形一致。

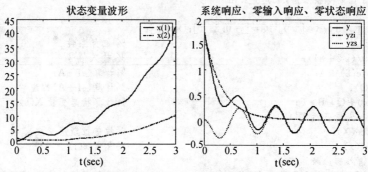

图 6.2-1　例 6.2-1 的系统响应波形

2. 离散系统状态方程的 Z 变换解

离散系统状态方程和输出方程的一般形式为

$$x(k+1) = A \cdot x(k) + B \cdot f(k)$$
$$y(k) = C \cdot x(k) + D \cdot f(k)$$

对状态方程矩阵进行 Z 变换,得

$$zX(z) - zx(0) = A \cdot X(z) + B \cdot F(z)$$
$$(zI - A) \cdot X(z) = zx(0) + B \cdot F(z)$$

所以

$$X(z) = (zI - A)^{-1} \cdot z \cdot x(0) + (zI - A)^{-1} \cdot B \cdot F(z)$$

其第一项为零输入部分,第二项为零状态部分,输出响应为

$$Y(z) = C \cdot X(z) + D \cdot F(z)$$
$$= C(zI - A)^{-1} zx(0) + [C(zI - A)^{-1} B + D] F(z)$$

将其反变换就可得到 $y(k)$。

例 6.2-2　某系统状态方程和输出方程分别为

$$\begin{bmatrix} x_1(k+1) \\ x_2(k+1) \end{bmatrix} = \begin{bmatrix} 0.5 & 0 \\ 0.25 & 0.25 \end{bmatrix} \cdot \begin{bmatrix} x_1(k) \\ x_2(k) \end{bmatrix} + \begin{bmatrix} 1 \\ 0 \end{bmatrix} \cdot f(k)$$

$$\begin{bmatrix} y_1(k) \\ y_2(k) \end{bmatrix} = \begin{bmatrix} 1 & 0 \\ 1 & -1 \end{bmatrix} \cdot \begin{bmatrix} x_1(k) \\ x_2(k) \end{bmatrix}$$

其初始状态和输入方程分别为

$$\begin{bmatrix} x_1(0) \\ x_2(0) \end{bmatrix} = \begin{bmatrix} 1 \\ 2 \end{bmatrix}, \quad f(k) = \varepsilon(k)$$

试分别求出系统的状态方程和输出方程的解。

解　用 Matlab 中的 Z 变换和反 Z 变换,以及矩阵运算,可以得到离散状态方程和输出方程的解析解。计算程序如下:

```
%用 z 变换计算离散系统的状态方程   e6_2_2.m
syms   z   k
A=[0.5 0;0.25 0.25];B=[1 0]';C=[1 0;1 -1];D=[0];
x0=[1 2]';                    %初始条件
F=[z/(z-1)];                  %输入信号 z 变换
Q=inv(z*eye(2)-A)*z;          %计算状态转移矩阵
X=Q*x0+1/z*Q*B*F;             %计算状态变量
x=iztrans(X,k)                %反 z 变换 x(k)
y=C*x
k=0:15;
y1=subs(y(1));y2=subs(y(2));
figure(1),mystem(k,y1),title('系统输出响应 y(1)'),xlabel('k')
figure(2),mystem(k,y2),title('系统输出响应 y(2)'),xlabel('k')
```

程序运行后在命令窗口显示状态变量和输出的解如下：

x=
[-(1/2)^k+2]
[-(1/2)^k+7/3*(1/4)^k+2/3]
y=
[-(1/2)^k+2]
[4/3-7/3*(1/4)^k]

程序运行后波形显示如图 6.2-2 所示。

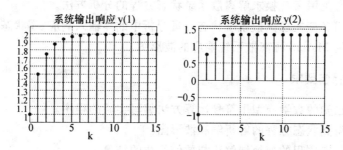

图 6.2-2   例 6.2-2 系统输出的图形

6.2.3 实验内容

16-1   线性非时变系统的状态方程和输出方程为

$$\dot{x}(t) = \begin{bmatrix} -2 & 1 \\ 0 & -1 \end{bmatrix} \cdot x(t) + \begin{bmatrix} 1 \\ 0 \end{bmatrix} \cdot f(t)$$

$$y(t) = \begin{bmatrix} 1 & 0 \end{bmatrix} \cdot x(t)$$

设初始状态 $x(0) = \begin{bmatrix} 1 \\ 1 \end{bmatrix}$，输入激励 $f(t) = \varepsilon(t)$，试用 Matlab 的拉普拉斯变换法求状态

变量 $x(t)$ 和输出响应 $y(t)$，并画出其图形。

16-2 如离散系统的动态方程为

$$\begin{bmatrix} x_1(k+1) \\ x_2(k+1) \end{bmatrix} = \begin{bmatrix} 0 & 1 \\ -\dfrac{1}{6} & \dfrac{5}{6} \end{bmatrix} \cdot \begin{bmatrix} x_1(k) \\ x_2(k) \end{bmatrix} + \begin{bmatrix} 0 \\ 1 \end{bmatrix} \cdot f(k)$$

$$y(k) = \begin{bmatrix} -1 & 5 \end{bmatrix} \cdot \begin{bmatrix} x_1(k) \\ x_2(k) \end{bmatrix}$$

设初始状态 $x(0) = \begin{bmatrix} 2 \\ 3 \end{bmatrix}$，输入激励 $f(k) = \varepsilon(k)$，用 Matlab 的 Z 变换方法，求该系统函数矩阵，系统响应矩阵 $y(k)$，并画出其图形。

6.2.4 实验步骤和方法

1. 看懂程序 e6_2_1.m。仿照例 6.2-1 的方法完成实验 16-1。
2. 看懂程序 e6_2_2.m。仿照例 6.2-2 的方法，完成实验 16-2 的编程，上机调试程序。

6.2.5 预习要点

1. 复习有关用拉普拉斯变换求解连续系统状态方程的分析方法。
2. 复习有关用 Z 变换求解离散系统状态方程的分析方法。
3. 如何用 Z 变换求离散系统状态变量分析中的零输入响应、零状态响应？
4. 如何用 Matlab 画离散系统响应的波形图？

6.2.6 实验报告要求

1. 根据已知的数学模型用符号运算方法编写实验的程序。
2. 要求得到状态方程的解析解和波形图。
3. 比较状态方程的变换域解法与数值解法的结果。
4. 简述心得体会及其他。

6.3 实验 17 连续和离散系统状态方程的迭代法

6.3.1 实验目的

1. 学习用 Matlab 实现对离散系统状态方程的迭代法求解，加深对离散系统状态方程的理解。
2. 学习用 Matlab 实现对连续系统状态方程的迭代法求解，加深对连续系统状态方程离散化的理解。

6.3.2 实验原理与计算示例

1. 离散系统状态方程的迭代法

离散系统的状态方程和输出方程为

$$x(k+1) = A \cdot x(k) + B \cdot f(k)$$
$$y(k) = C \cdot x(k) + D \cdot f(k)$$

通过迭代法可以求出 $x(k)$ 和 $y(k)$。

$$x(1) = A \cdot x(0) + B \cdot f(0)$$
$$x(2) = A \cdot x(1) + B \cdot f(1) = A^2 \cdot x(0) + A \cdot B \cdot f(0) + B \cdot f(1)$$
$$x(3) = A \cdot x(3) + B \cdot f(2) = A^3 \cdot x(0) + A^2 \cdot B \cdot f(0) + A \cdot B \cdot f(1) + B \cdot f(2)$$
$$\vdots$$
$$x(k) = A \cdot x(k-1) + B \cdot f(k-1)$$
$$= A^k \cdot x(0) + A^{k-1} \cdot B \cdot f(0) + A^{k-2} \cdot B \cdot f(1) + \cdots + B \cdot f(k-1)$$
$$= A^k \cdot x(0) + \sum_{j=0}^{k-1} A^{k-1-j} \cdot B \cdot f(j)$$

式中:第一项为零输入响应;第二项为零状态响应。

离散系统的状态方程和输出方程实际上就是两个迭代公式,最适合于用计算机计算。

例 6.3-1 某系统状态方程和输出方程分别为

$$\begin{bmatrix} x_1(k+1) \\ x_2(k+1) \end{bmatrix} = \begin{bmatrix} 0.5 & 0 \\ 0.25 & 0.25 \end{bmatrix} \cdot \begin{bmatrix} x_1(k) \\ x_2(k) \end{bmatrix} + \begin{bmatrix} 1 \\ 0 \end{bmatrix} \cdot f(k)$$

$$\begin{bmatrix} y_1(k) \\ y_2(k) \end{bmatrix} = \begin{bmatrix} 1 & 0 \\ 1 & -1 \end{bmatrix} \cdot \begin{bmatrix} x_1(k) \\ x_2(k) \end{bmatrix}$$

其初始状态和输入方程分别为

$$\begin{bmatrix} x_1(0) \\ x_2(0) \end{bmatrix} = \begin{bmatrix} 1 \\ 2 \end{bmatrix}, f(k) = \sin\left(\frac{\pi}{4}k\right) \cdot \varepsilon(k)$$

试用迭代法分别求出系统的状态方程和输出方程的解。

解 用迭代法计算离散系统状态方程的 Matlab 程序如下:

```
%用迭代法计算离散系统状态方程    e6_3_1.m
clear
A=[0.5 0;0.25 0.25];B=[1 0]';C=[1 0;1 -1];D=[0];
x0=[1 2]';                          %初始条件
n=20;                               %计算步数
k=1:n;f=sin(pi/4*k);                %输入信号:正弦波
x(:,1)=x0;                          %状态变量赋初始值
for i=1:n
    x(:,i+1)=A*x(:,i)+B*f(i);       %用迭代公式计算状态变量
```

```
end
subplot(2,2,1),stem([0:n],x(1,:),'fill')
ylabel('x(1)'),title('状态变量波形')
subplot(2,2,3),stem([0:n],x(2,:),'fill')
ylabel('x(2)')
y=C*x;                                          %计算输出响应
subplot(2,2,2),stem([0:n],y(1,:),'fill')
ylabel('y(1)'),title('输出响应波形')
subplot(2,2,4),stem([0:n],y(2,:),'fill')
ylabel('y(2)')
```

程序运行后所显示的波形如图 6.3-1 所示。

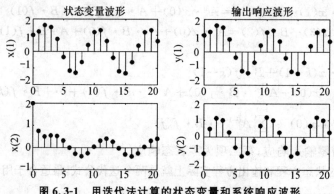

图 6.3-1 用迭代法计算的状态变量和系统响应波形

2. 连续系统状态方程的迭代法

连续系统的状态模型可以先转换成离散状态模型，再用迭代法计算。Matlab 的函数 c2d 可以实现由连续到离散的模型转换。这相当于将连续系统离散化，当采样间隔很小时，就可以满足精度的要求。函数 c2d 的调用格式为

$$[Ad,Bd]=c2d(A,B,ts)$$

其中，A，B 为连续系统状态方程的系数矩阵；ts 是采样间隔；Ad，Bd 是求得的离散化后的离散状态模型的系数矩阵。

例 6.3-2 设某系统的状态方程和输出方程为

$$\begin{bmatrix} \dot{x}_1 \\ \dot{x}_2 \end{bmatrix} = \begin{bmatrix} 1 & 0 \\ 1 & -3 \end{bmatrix} \cdot \begin{bmatrix} x_1 \\ x_2 \end{bmatrix} + \begin{bmatrix} 1 \\ 0 \end{bmatrix} \cdot f(t)$$

$$y(t) = \begin{bmatrix} -\frac{1}{4} & 1 \end{bmatrix} \cdot \begin{bmatrix} x_1 \\ x_2 \end{bmatrix}$$

初始条件 $x(0) = \begin{bmatrix} x_1(0) \\ x_2(0) \end{bmatrix} = \begin{bmatrix} 1 \\ 2 \end{bmatrix}$，输入信号 $f(t) = 15\sin(2\pi t) \cdot \varepsilon(t)$，试用迭代法借助 Matlab 画出状态变量 $x(t)$ 和输出 $y(t)$ 的波形。

解 用迭代法计算连续系统的 Matlab 程序如下：

```
%用迭代法计算连续系统      e6_3_2.m
A=[1 0;1 -3];B=[1 0]';C=[-0.25 1];D=[0];
x0=[1 2]';                        %初始条件
ts=0.01;,nf=301;
t=0:ts:3;
f=15*sin(2*pi*t);                 %输入信号
x=zeros(2,nf);
x(:,1)=x0;                        %状态变量赋初始值
[Ad,Bd]=c2d(A,B,ts);              %连续系统模型变换成离散模型
for i=1:nf-1
    x(:,i+1)=Ad*x(:,i)+Bd*f(i);   %用迭代公式计算状态变量
end
t=(0:nf-1)*ts;
figure(1)
plot(t,x(1,:),'-',t,x(2,:),':','linewidth',2)
legend('x(1)','x(2)')             %显示图例
title('状态变量波形')
xlabel('t(sec)')
y=C*x;
figure(2)
plot(t,y,'-','linewidth',2)
title('输出响应波形')
xlabel('t (sec)')
```

程序运行后显示的波形如图 6.3-2 所示。可见波形与图 6.2-1 相同。

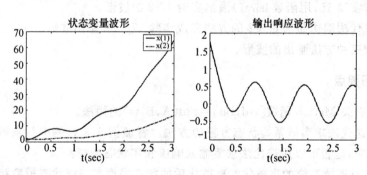

图 6.3-2 用迭代法计算的连续系统响应波形

6.3.3 实验内容

17-1 离散系统的动态方程为

$$\begin{bmatrix} x_1(k+1) \\ x_2(k+1) \end{bmatrix} = \begin{bmatrix} 0 & 1 \\ -\frac{1}{6} & \frac{5}{6} \end{bmatrix} \cdot \begin{bmatrix} x_1(k) \\ x_2(k) \end{bmatrix} + \begin{bmatrix} 0 \\ 1 \end{bmatrix} \cdot f(k)$$

$$y(k) = \begin{bmatrix} -1 & 5 \end{bmatrix} \cdot \begin{bmatrix} x_1(k) \\ x_2(k) \end{bmatrix}$$

设初始状态 $x(0) = \begin{bmatrix} 2 \\ 3 \end{bmatrix}$，输入激励 $f(k) = \varepsilon(k)$，用迭代方法求系统状态变量和响应 $y(k)$ 的数值解。

17-2 连续线性非时变系统的状态方程和输出方程为

$$\dot{x}(t) = \begin{bmatrix} -2 & 1 \\ 0 & -1 \end{bmatrix} \cdot x(t) + \begin{bmatrix} 1 \\ 0 \end{bmatrix} \cdot f(t)$$

$$y(t) = \begin{bmatrix} 1 & 0 \end{bmatrix} \cdot x(t)$$

设初始状态 $x(0) = \begin{bmatrix} 1 \\ 1 \end{bmatrix}$，输入激励 $f(t) = 2\sin(2\pi t) \cdot \varepsilon(t)$，试用 Matlab 的下列方法求输出响应 $y(t)$，画出其图形，并比较其结果：

(a) 拉普拉斯变换法求解析解；
(b) 用函数 lsim() 画出波形；
(c) 将其状态方程离散化，并用迭代法画出波形。

6.3.4 实验步骤和方法

1. 仿照例 6.3-1 的方法用 Matlab 的迭代法完成实验 17-1。
2. 参考实验 16，用拉普拉斯变换法求实验 17-2 的解析解并画出波形。
3. 参考实验 15，用函数 lsim() 画出实验 17-2 的波形。
4. 用迭代法即仿照例 6.3-2 的方法完成实验 17-2，并画出波形。
5. 比较三种方法画出的波形。

6.3.5 预习要点

1. 学习有关 Matlab 函数 [Ad,Bd]=c2d(A,B,ts) 的用法。
2. 复习迭代法求离散系统状态方程的方法。看懂例 6.3-1，例中只求解了状态变量和输出响应，是否可以用迭代法求零输入响应和零状态响应？
3. 什么是连续系统的离散化？离散化后的状态模型与连续状态模型相同吗？
4. 离散化的概念适用于什么情况？举例说明？

6.3.6 实验报告要求

1. 根据实验内容编写程序。
2. 简述上机调试程序的方法，总结连续系统状态方程的三种求解方法。
3. 简述心得体会及其他。

附录 A

实验参考程序

A.1 实验1的参考程序

```
% 实验1-1的程序    r1_1.m
t=linspace(-10,10,400);
f1=u(cos(t));
figure(1),myplot(t,f1)
xlabel('Time(sec)'),ylabel('f1(t)')
t=linspace(-4,4,400);
f2=abs(t)/2.*(u(t+2)-u(t-2));
figure(2),myplot(t,f2)
xlabel('Time(sec)'),ylabel('f2(t)')
t=linspace(-1,3,400);
f3=sin(pi*t).*(u(-t)-u(2-t));
figure(3),myplot(t,f3)
xlabel('Time(sec)'),ylabel('f3(t)')
  t=linspace(-2,2,400);
f4=sign(t).*rectpuls(t,2);
figure(4),myplot(t,f4)
xlabel('Time(sec)'),ylabel('f4(t)')
t=linspace(-1,4,400);
f5=rectpuls(t,6).*tripuls(t-2,4);
figure(5),myplot(t,f5)
xlabel('Time(sec)'),ylabel('f5(t)')
t=linspace(-3,3,400);
f6=u(2-abs(t)).*sin(pi*t);
figure(6),myplot(t,f6)
xlabel('Time(sec)'),ylabel('f6(t)')
```

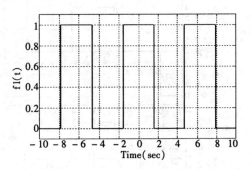

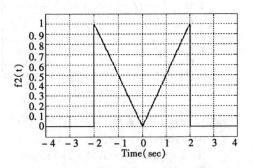

166 信号与系统实验教程

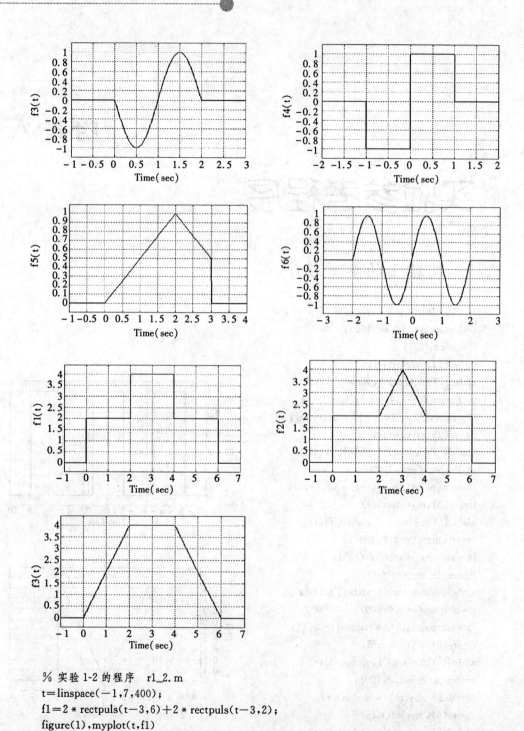

```
% 实验 1-2 的程序    r1_2.m
t=linspace(-1,7,400);
f1=2*rectpuls(t-3,6)+2*rectpuls(t-3,2);
figure(1),myplot(t,f1)
xlabel('Time(sec)'),ylabel('f1(t)')
```

```
f2=2*rectpuls(t-3,6)+2*tripuls(t-3,2);
figure(2),myplot(t,f2)
xlabel('Time(sec)'),ylabel('f2(t)')
f3=6*tripuls(t-3,6)-2*tripuls(t-3,2);
figure(3),myplot(t,f3)
xlabel('Time(sec)'),ylabel('f3(t)')

% 实验1-3的程序   r1_3.m
t=linspace(-1,4*pi,400);
f1=10*abs(sin(t)).*u(t);
figure(1),myplot(t,f1)
xlabel('Time(sec)'),ylabel('f1(t)')
t=linspace(-0.5,3,400);
f2=5*t.^2.*rectpuls(t-0.5,1)+5*(t-1).^2.*rectpuls(t-1.5,1)+5*(t-2).^2.*rectpuls(t-2.5,1);
figure(2),myplot(t,f2)
xlabel('Time(sec)'),ylabel('f2(t)')
```

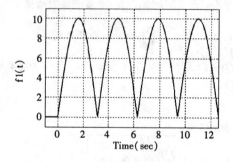 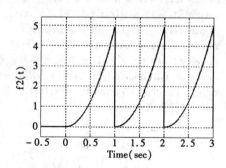

```
% 观察周期信号的周期   r1_4a.m
t=linspace(-8,8,400);
f=3*sin(0.5*pi*t)+2*sin(pi*t)+sin(2*pi*t);
myplot(t,f)
xlabel('Time(sec)')
[x,y]=ginput(2)                                      %返回鼠标当前位置的坐标值
gtext(['\bf 周期:T=',num2str(x(2)-x(1)),'sec'])      %在鼠标处显示周期T的值
```

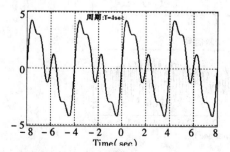 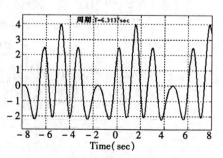

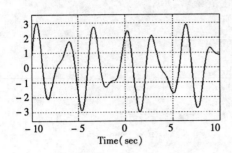

A.2 实验2的参考程序

```
% 实验2-1的程序   r2_1.m
t=linspace(-2,2,500);
f1=sawtooth(pi*t,0.5);                                %定义周期三角波形
f2=cos(20*pi*t);                                      %定义余弦波形
f=f1+f2;fs=f1.*f2;fc=(2+f1).*f2;                      %波形运算
subplot(3,1,1),plot(t,f,t,f1+1,'r:',t,f1-1,'r:')      %f1+1 和 f1-1 是两条包络线
ylabel('f1(t)+f2(t)'),title('叠加信号')
subplot(3,1,2),plot(t,fs,t,f1,'r:',t,-f1,'r:')        %f1 和 -f1 是两条包络线
ylabel('f1(t)*f2(t)'),title('双极性调制信号')
subplot(3,1,3),plot(t,fc,t,(f1+2),'r:',t,-(f1+2),'r:') %(f1+2)和-(f1+2)是两条包络线
xlabel('Time(sec)'),ylabel('(2+f1(t))*f2(t)')
title('单极性调制信号')
```

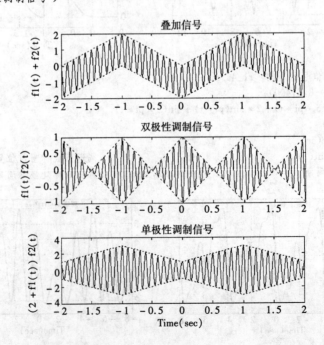

```
% 实验2-2 信号变换的程序：r2_2.m
t=linspace(-11,5,500);
f=zdyf2(t);                                      %调用自定义函数 2dyf2(t)
y=zdyf2(t+3);x=zdyf2(2*t-2);g=zdyf2(2-2*t);h=zdyf2(-0.5*t-1);
fe=0.5*(zdyf2(t)+zdyf2(-t));                     %计算偶分量
f0=0.5*(zdyf2(t)-zdyf2(-t));                     %计算奇分量
subplot(3,2,1),myplot(t,y);
ylabel('f(t+3)')
subplot(3,2,2),myplot(t,x);
ylabel('f(2t-2)')
subplot(3,2,3),myplot(t,g);
ylabel('f(2-2t)')
subplot(3,2,4),myplot(t,h);
ylabel('f(-0.5t-1)')
subplot(3,2,5),myplot(t,fe);
ylabel('f(t)的偶分量')
xlabel('Time(sec)')
subplot(3,2,6),myplot(t,f0);
ylabel('f(t)的奇分量')
xlabel('Time(sec)')

function y=zdyf2(t)                              %自定义函数
y=2*tripuls(t+1,2,1)+2*rectpuls(t-2,4);
```

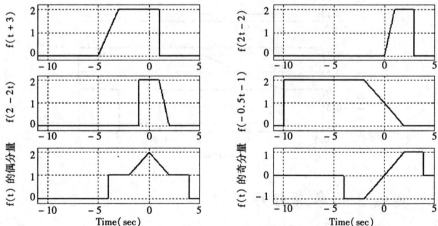

```
% 实验2-3：信号变换的程序：r2_3.m
x0=-0.5;x1=2.5;dx=0.01;
x=x0:dx:x1;
fx=-rectpuls(x-3/8,0.25)+tripuls(x-5/8,0.25,-1);
t=(3-x)/4;                                       %令 x=3-4t,t=(3-x)/4
```

```
ft=-rectpuls(t-3/8,0.25)+tripuls(t-5/8,0.25,-1);    %受量代换
max_f1=max(fx);
min_f1=min(fx);
max_f2=max(ft);
min_f2=min(ft);
subplot(2,1,1),plot(x,fx,'linewidth',2);
grid;title('信号波形的变换')
line([x0 x1],[0 0],'color','r');                    %画出 x 轴,红线
line([0 0],[min_f1-0.2 max_f1+0.2],'color','r');    %画 y 轴,红线
axis([x0,x1,min_f1-0.2,max_f1+0.2])
ylabel('f(3-4t)')
subplot(2,1,2),plot(x,ft,'linewidth',2);
grid;
line([x0 x1],[0 0],'color','r');
line([0 0],[min_f2-0.2 max_f2+0.2],'color','r');
axis([x0,x1,min_f2-0.2,max_f2+0.2])
ylabel('f(t)')
xlabel('Time(sec)')
```

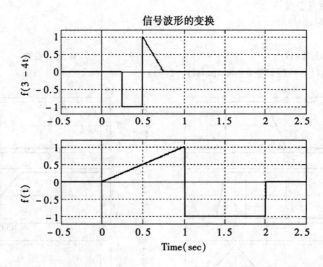

A.3 实验 3 的参考程序

```
% 实验 3-1:
方法 1:数值计算
>> y=inline('(rectpuls(t,5)+tripuls(t,5,1)).^2');    %定义在线函数对象
>> P=quad(y,-2.5,2.5)/7
P =
   1.6667
```

方法 2：符号计算
```
>> P=int('(0.2*t+1.5)^2',-2.5,2.5)/7
P =
1.6666666666666666666666666666667
```

% 实验 3-2 信号能量的数值计算 r3-2.m
```
disp('信号能量的数值计算')
y1=inline('(2*rectpuls(t-3,6)+2*rectpuls(t-3,2)).^2');
E1=quad(y1,0,6)
y2=inline('(2*rectpuls(t-3,6)+2*tripuls(t-3,2)).^2');
E2=quad(y2,0,6)
y3=inline('(6*tripuls(t-3,6)-2*tripuls(t-3,2)).^2');
E3=quad(y3,0,6)
%   信号能量的符号计算
disp('信号能量的符号计算')
E1=int('4',0,2)+int('16',2,4)+int('4',4,6)
E2=2*(int('4',0,2)+int('(2*(t-1))^2',2,3))
E3=2*(int('(2*t)^2',0,2)+int('16',2,3))
```

```
>> 信号能量的数值计算
E1 =
    48.0000
E2 =
    34.6667
E3 =
    53.3333
信号能量的符号计算
E1 = 48
E2 = 104/3
E3 = 160/3
```

% 实验 3-3 的程序 r3_3.m
```
f1='2*rectpuls(t,4)';
f2='3*rectpuls(t-0.5,3)';
figure(1)
CSCONV(f1,-2,2,f2,-1,2)
f1='2*rectpuls(t+1.5)+2*rectpuls(t-1.5)';
f2='2*rectpuls(t-2,4)';
figure(2)
CSCONV(f1,-2,2,f2,0,4)      %调用卷积积分函数
f1='2*rectpuls(t,2)';
f2='t.*rectpuls(t,4)';
figure(3)
CSCONV(f1,-1,1,f2,-2,2)
```

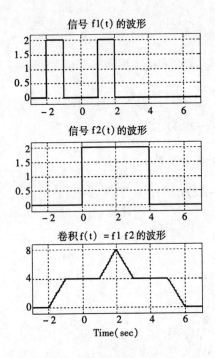
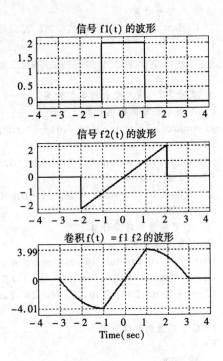

```
% 实验3-4 的程序   r3_4.m
syms t
h=sym('t');
f=sym('Heaviside(t)');              %定义符号形式的阶跃函数
figure(1)
y1=CSCONVS(f,h,-0.5,5,0,t);         %调用符号卷积积分函数
h=sym('exp(-2*t+2)');
f=sym('Heaviside(t-2)');
figure(2)
y2=CSCONVS(f,h,1,5,2,t);
h=sym('t+1');
f=sym('t*Heaviside(t+1)');
figure(3)
y3=CSCONVS(f,h,-2,5,-1,t);
h=sym('exp(-2*t)');
f=sym('exp(-3*t)*(Heaviside(t))');
figure(4)
y4=CSCONVS(f,h,-0.5,3,0,t);
disp('零状态响应'),y1,y2,y3,y4
```

零状态响应
y1 =
1/2*t^2*Heaviside(t)

y2 =
−1/2 * Heaviside(t−2) * (−exp(2)+exp(−2*t+6))
y3 =
1/6 * Heaviside(t+1) * (t+1) * (t^2+2*t−5)
y4 =
Heaviside(t) * (−1+exp(t))/exp(t)^3

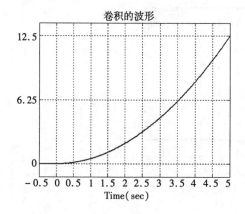

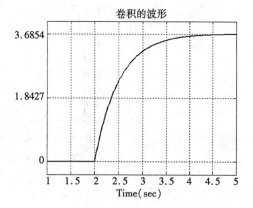

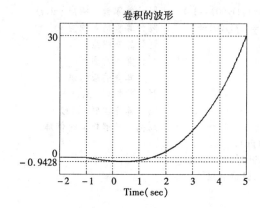

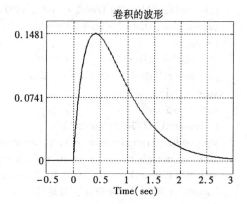

A.4 实验 4 的参考程序

```
% 实验 4-1 的程序   r4_1.m
yzia=dsolve('D2y+2*Dy+2*y=0','y(0)=1,Dy(0)=2')
yzib=dsolve('D2y+2*Dy+y=0','y(0)=1,Dy(0)=2')
t=linspace(0,10,300);figure(1)
yzia_n=subs(yzia);yzib_n=subs(yzib);
plot(t,yzia_n,t,yzib_n,'r:','linewidth',2)
grid,xlabel('Time(sec)')
legend('yzia','yzib',0)
```

>> yzia =
exp(−t)*cos(t)+3*exp(−t)*sin(t)
yzib =
exp(−t)+3*exp(−t)*t

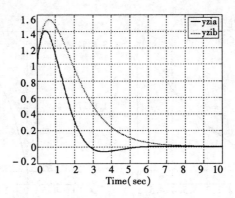

```
% 实验4-2的程序    r4_2.m
yzi=dsolve('D2y+3*Dy+2*y=0','y(0)=1,Dy(0)=1')      %计算零输入响应 yzi(t)
yzs=dsolve('D2y+3*Dy+2*y=2','y(0)=0,Dy(0)=1')      %计算零输入响应 yzs(t)
y=yzi+yzs                                           %计算全响应
yht=dsolve('D2y+3*Dy+2*y=0');                       %计算齐次通解
yt=dsolve('D2y+3*Dy+2*y=2');                        %计算全响应通解
yp=yt−yht                                           %计算特解 yp(t)
yh=y−yp                                             %计算齐次解 yh(t)
t=linspace(0,7,300);figure(1)                       %把符号解换成数值解
y_n=subs(y);yh_n=subs(yh);yp_n=subs(yp);
plot(t,y_n,t,yh_n,'m:',t,yp_n,'r-.','linewidth',2)
xlabel('Time(sec)'),title('全响应,自由响应,强迫响应')
legend('全响应','自由响应','强迫响应',0)
figure(2)
yzi_n=subs(yzi);yzs_n=subs(yzs);
plot(t,y_n,t,yzi_n,'m:',t,yzs_n,'r-.','linewidth',2)
legend('全响应','零输入响应','零状态响应',0)
xlabel('Time(sec)'),title('全响应,零输入响应,零状态响应')
```

>> yzi =
3*exp(−t)−2*exp(−2*t)
yzs =
1−exp(−t)
y =
2*exp(−t)−2*exp(−2*t)+1

yp =
1
yh =
2*exp(−t)−2*exp(−2*t)

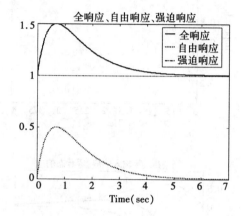

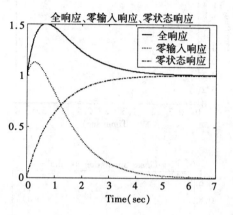

```
% 实验4-3的程序    r4_3.m
b=[2 8];                    % 输入微分方程右边的系数行向量
a=[1 5 6];                  % 输入微分方程左边的系数行向量
sys=tf(b,a)
t=0:0.02:4;                 % 输入时间(起始、间隔和终止时间)
figure(1),impulse(sys,t);   % 画冲激响应波形图
figure(2),step(sys,t)       % 画阶跃响应波形图
f=exp(−t);                  % 输入激励函数表达式
figure(3),lsim(sys,f,t);    % 画零状态响应图
yzi=dsolve('D2y+5*Dy+6*y=0','y(0)=−3,Dy(0)=0')
y=dsolve('D2y+5*Dy+6*y=6*exp(−t)','y(0)=−3,Dy(0)=2')
yzs=y−yzi
figure(4)
y_n=subs(y);yzi_n=subs(yzi);yzs_n=subs(yzs);
plot(t,y_n,t,yzi_n,'m:',t,yzs_n,'r−.','linewidth',2)
legend('全响应','零输入响应','零状态响应',0)
xlabel('Time(sec)'),title('全响应,零输入响应,零状态响应')
figure(3),hold on,plot(t,yzs_n,'r−−') % 检验两种计算方法的一致性

>> yzi =
6*exp(−3*t)−9*exp(−2*t)
y =
3*exp(−t)+7*exp(−3*t)−13*exp(−2*t)
yzs =
3*exp(−t)+exp(−3*t)−4*exp(−2*t)
```

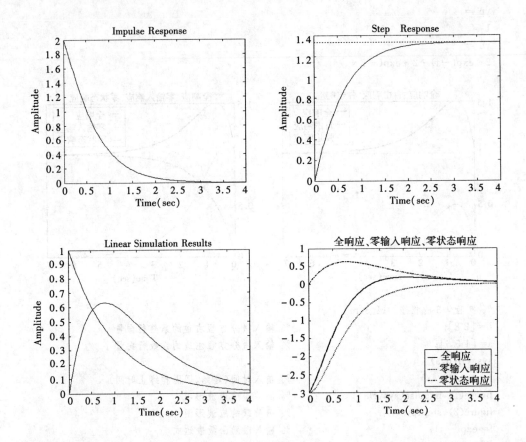

A.5 实验 5 的参考程序

```
% 实验 5-1a    r5_1a.m
T=4;N=20;
y='2*tripuls(t,T,1)-1';       % 周期矩形波的第一周期表达式
figure(1)
A_n=ZQXHFS(y,-T/2,T,N);       % 调用周期信号频谱分析函数,积分区间为[-T/2,T/2]
t=linspace(0,3*T,400);
n=0:N;omega_0=2*pi/T;
y1=A_n*exp(j*omega_0*n'*t);   % 计算前 20 项的部分和
yt=real(y1);
figure(2),plot(t,yt,'linewidth',2);
title('周期信号合成(前 20 项的部分和)','FontSize',8)
```

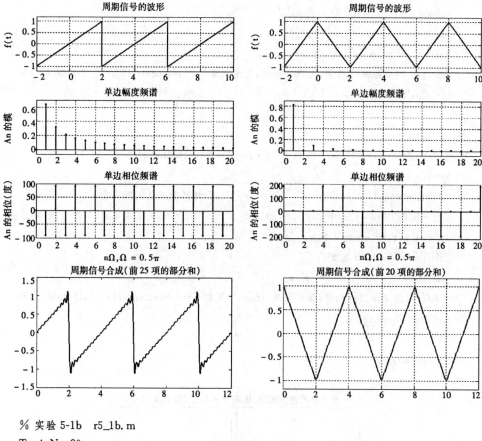

```
% 实验 5-1b    r5_1b.m
T=4;N=20;
y='2*tripuls(t,T,0)-1';        % 周期矩形波的第一周期表达式
figure(1)
A_n=ZQXHFS(y,-T/2,T,N); % 调用周期信号频谱分析函数,积分区间为[-T/2,T/2]
t=linspace(0,3*T,400);
n=0:N;omega_0=2*pi/T;
y1=A_n*exp(j*omega_0*n'*t);    % 计算前 20 项的部分和
yt=real(y1);
figure(2),myplot(t,yt);
title('周期信号合成(前 20 项的部分和)','FontSize',8)


% 实验 5-2 的程序   r5_2.m
B=[8 4 2];T=16;w=2*pi./T;
n0=-3*pi;n1=3*pi;n=n0:w:n1;figure(1)
for k=1:3
```

```
        F_n=B(k)/2/T*(Sa(0.25*B(k).*n)).^2;    %T 不变,三角波宽度 B 变化的频谱
        subplot(3,1,k),stem(n/w,F_n,'.');
        axis([n0/w n1/w -0.01 0.27]);
        line([n0/w n1/w],[0 0],'color','r');
        title(['周期矩形波的频谱,周期 T=16,三角宽度 B=',num2str(B(k))],'FontSize',8);
        set(gca,'FontSize',8)                   %使图形柱注字体为 8 号字
end
xlabel('n')
B=1;T=[3 5 9];w=2*pi./T;n0=-8*pi;n1=8*pi;figure(2)
for k=1:3
        n=n0:w(k):n1;                           %离散频谱间隔变化
        F_n=B/2/T(k)*(Sa(0.25*B.*n)).^2;        %三角形波宽度不变,周期 T 变换
        subplot(3,1,k),stem(n,F_n,'.');
        axis([n0 n1 -0.05 0.2]);
        line([n0 n1],[0 0],'color','r');
        title(['周期矩形波的频谱,脉冲宽度\tau=1,周期 T=',num2str(T(k))],'FontSize',8);
        set(gca,'FontSize',8)
end
xlabel('n\Omega')
```

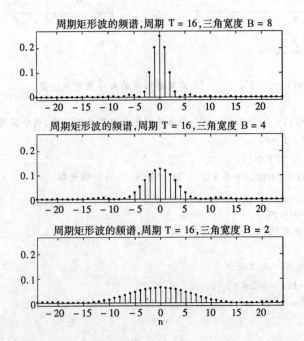

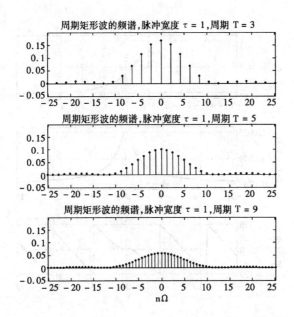

A.6 实验 6 的参考程序

```
% 实验 6-1 的程序  r6_1.m
f='exp(-t).*u(t)';t=[-5,5];w=[-15,15];
figure(1)
CXHFT(f,t,w)
f='exp(-t-1).*u(t+1)';t=[-5,5];w=[-15,15];
```

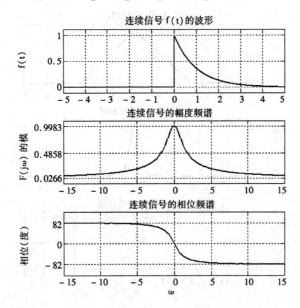

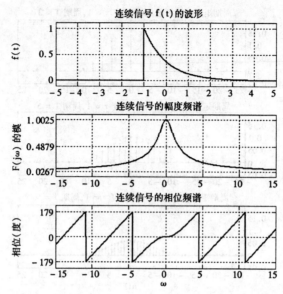

```
figure(2)
CXHFT(f,t,w)

% 实验 6-2 的程序  r6_2.m
f='tripuls(t,5)';t=[-5,5];w=[-18,18];
figure(1)
CXHFT(f,t,w)
f='tripuls(t,5).*cos(10*t)';t=[-5,5];w=[-18,18];
figure(2)
CXHFT(f,t,w)
```

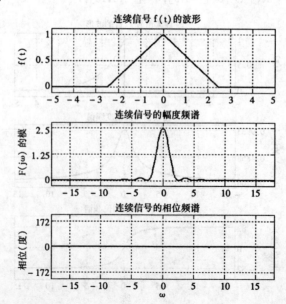

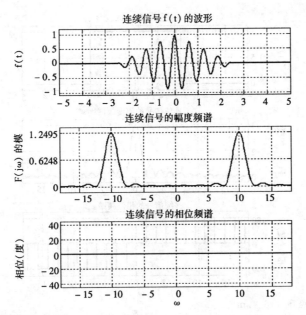

```
% 实验 6-3 的程序    r6_3.m
f='rectpuls(t,2)';t=[-5,5];w=[-18,18];
figure(1)
CXHFT(f,t,w)
f='rectpuls(t,4)';t=[-5,5];w=[-18,18];
figure(2)
CXHFT(f,t,w)
```

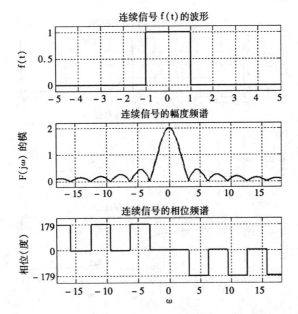

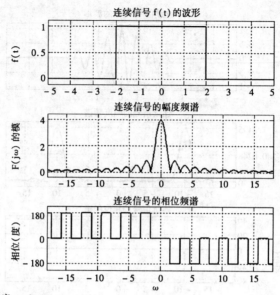

```
% 实验 6-4 的程序   r6_4.m
f='2*exp(-3*t).*u(t)';t=[-5,5];w=[-18,18];
figure(1),CXHFT(f,t,w)
f='2*exp(3*t).*u(-t)';t=[-5,5];w=[-18,18];
figure(2),CXHFT(f,t,w)
f='exp(-3*abs(t))';t=[-2,2];w=[-18,18];
figure(3),CXHFT(f,t,w)
f='2*exp(-3*t).*u(t)-2*exp(3*t).*u(-t)';t=[-2,2];w=[-18,18];
figure(4),CXHFT(f,t,w)
```

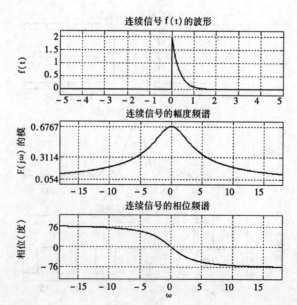

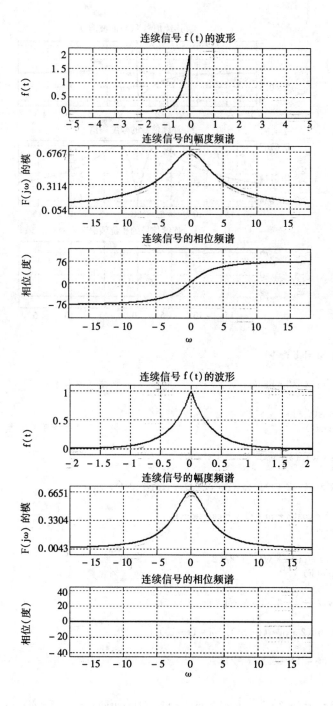

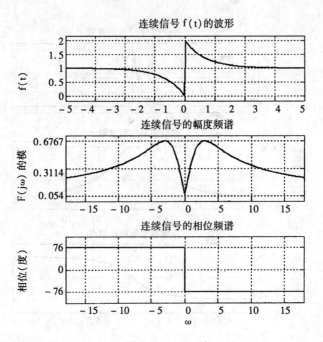

实验 6-5 的 Matlab 命令

(a)
```
>> f=sym('exp(-2*abs(t-1))')                    %定义符号表达式
f =
exp(-2*abs(t-1))
>> F=fourier(f)                                  %对于进行傅里叶变换
F =
4*exp(-i*w)/(4+w^2)
```

(b)
```
>> f=sym('exp(-2*t)*cos(2*pi*t)*Heaviside(t)')
f =
exp(-2*t)*cos(2*pi*t)*Heaviside(t)
>> F=fourier(f)
F =
1/2/(2-2*i*pi+i*w)+1/2/(2+2*i*pi+i*w)
>> F=simple(F)                                   %化简
F =
(-2-i*w)/(-4-4*i*w-4*pi^2+w^2)
```

(c)
```
>> f=sym('sin(2*pi*(t-2))/(pi*(t-2))')
f =
sin(2*pi*(t-2))/(pi*(t-2))
>> F=fourier(f)
F =
1/pi*(1/2*exp(-2*i*(w-2*pi))*pi*(Heaviside(-w+2*pi)-Heaviside(w-2*pi))-1/2*exp(-2*i*(w+2*pi))*pi*(Heaviside(-w-2*pi)-Heaviside(w+2*pi)))
```

```
>> F=simple(F)
F =
1/2*exp(-2*i*(w-2*pi))-exp(-2*i*(w-2*pi))*Heaviside(w-2*pi)-1/2*
exp(-2*i*(w+2*pi))+exp(-2*i*(w+2*pi))*Heaviside(w+2*pi)
>> F=simple(F)
F =
-1/exp(i*w)^2*Heaviside(w-2*pi)+1/exp(i*w)^2*Heaviside(w+2*pi)
>> F=simple(F)
F =
-(Heaviside(w-2*pi)-Heaviside(w+2*pi))/exp(i*w)^2
```
(d)
```
>> f=sym('Heaviside(t)-Heaviside(t-1)')
f =
Heaviside(t)-Heaviside(t-1)
>> F=fourier(f)
F =
pi*Dirac(w)-i/w-exp(-i*w)*(pi*Dirac(w)-i/w)
>> F=simple(F)
F =
i*(-1+exp(-i*w))/w
```

实验 6-6 的 Matlab 命令

(a)
```
>> syms w t                        %定义符号变量
>> F='j*w/(1+w^2)';                %定义符号表达式
>> f=ifourier(F,t)                 %傅里叶反变换
f =
-1/2*exp(-t)*Heaviside(t)+1/2*exp(t)*Heaviside(-t)
```
(b)
```
>> syms w t
>> F='exp(-j*2*w)/(1+w^2)';
>> f=ifourier(F,t)
f =
1/2*exp(-t+2)*Heaviside(t-2)+1/2*exp(t-2)*Heaviside(-t+2)
```
(c)
```
>> syms w t
>> F='Heaviside(w+6)-Heaviside(w+4)+Heaviside(w-4)-Heaviside(w-6)';
>> f=ifourier(F,t)
f =
-1/2*(pi*Dirac(t)*t+i)*(-exp(-6*i*t)+exp(-4*i*t)-exp(4*i*t)+exp(6*i
*t))/t/pi
>> f=simple(f)
f =
-(-sin(6*t)+sin(4*t))/t/pi
>> f=simple(f)
f =
(sin(6*t)-sin(4*t))/pi/t
```
(d)
```
>> F='2*(sin(w))^2/w^2';
>> f=ifourier(F,t)
```

f =
1/4 * t * Heaviside(t+2)−1/4 * t * Heaviside(−t−2)+1/2 * Heaviside(t+2)−1/2 * Heaviside(−t−2)−1/2 * t * Heaviside(t)+1/2 * t * Heaviside(−t)+1/4 * t * Heaviside(t−2)−1/4 * t * Heaviside(−t+2)−1/2 * Heaviside(t−2)+1/2 * Heaviside(−t+2)
〉〉f=simple(f)
f =
1/2 * t * Heaviside(t+2)+Heaviside(t+2)−t * Heaviside(t)+1/2 * t * Heaviside(t−2)−Heaviside(t−2)
〉〉f=simple(f)
f =
(1/2 * Heaviside(t+2)−Heaviside(t)+1/2 * Heaviside(t−2)) * t−Heaviside(t−2)+Heaviside(t+2)

A.7 实验7的参考程序

```
% 实验7-1 画输入和输出频谱的程序    r7_1a.m
figure(1)
n0=−20;n1=20;
n=n0:n1;
RC_n=[1 0.1 0.01];
N=length(RC_n);
fc=1./(RC_n*2*pi)                          % 计算截止频率
F_n=j*(−1).^n/pi./n;F_n(21)=0;             % 计算 Fn
    subplot(4,1,1),stem(n,abs(F_n),'.');
    axis([n0 n1 −0.05 0.4]);
    line([n0 n1],[0 0],'color','r');
    set(gca,'FontSize',8)
    title('输入和输出的幅度频谱图','FontSize',8)
for k=1:N
    RC=RC_n(k);                            % RC 赋值
    H=(1/RC)./(j*n*pi+1/RC);               % 计算系统函数 H(jnw)
    Y_n=H.*F_n;                            % 计算 Yn
    subplot(N+1,1,k+1),stem(n,abs(Y_n),'.');
    axis([n0 n1 −0.05 0.4]);
    title(['RC 低通滤波器截止频率 fc=',num2str(fc(k)),'Hz 时输出的幅度频谱图'],'FontSize',8)
    text(−15,0.2,strcat('fc=',num2str(fc(k)),'Hz'));
    line([n0 n1],[0 0],'color','r');
    set(gca,'FontSize',8)
end
xlabel('n\Omega')

% 实验7-1 画输入和输出时域波形的程序    r7_1b.m
t0=3;figure(2)
t=−t0:.002:t0;
f=2*tripuls(t,2,1)+2*tripuls(t+2,2,1)+2*tripuls(t−2,2,1)−1
subplot(4,1,1),plot(t,f,'linewidth',2);
axis([−t0 t0 −1.2 1.2])
ylabel('f(t)'),title('输入和输出的时域波形图','FontSize',8)
```

```
omega_0=pi;                                  % 基波频率 f=1 000 Hz
RC_n=[1 0.1 0.01];                           % RC=1,1/10,1/100
fc=1./(RC_n*2*pi)                            % 计算截止频率
N=length(RC_n);
n=[-20:20];                                  % 计算谐波次数 20
F_n=j*(-1).^n/pi./n;F_n(21)=0;               % 计算 Fn
for k=1:N
    RC=RC_n(k);                              % RC 赋值
    H=(1/RC)./(j*n*omega_0+1/RC);            % 计算系统函数 H(jnw)
    Y_n=H.*F_n;                              % 计算 Y_n
    y=Y_n*exp(j*omega_0*n'*t);               % 计算前 20 项的部分和
    subplot(N+1,1,k+1),plot(t,real(y),'linewidth',2);
    axis([-t0 t0 -1.2 1.2]);
    title(['RC 低通滤波器截止频率 fc=',num2str(fc(k)),'Hz 时输出的时域波形图'],'FontSize',8)
    text(-t0+0.1,0.6,['fc=',num2str(fc(k)),'Hz']);
    ylabel('y(t)'),
end
xlabel('Time(sec)')
```

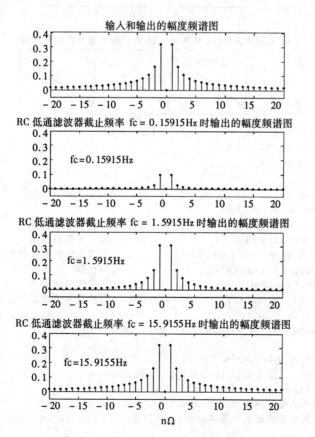

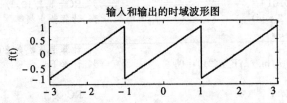

输入和输出的时域波形图

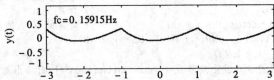

RC 低通滤波器截止频率 fc = 0.15915Hz 时输出的时域波形图

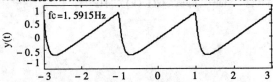

RC 低通滤波器截止频率 fc = 1.5915Hz 时输出的时域波形图

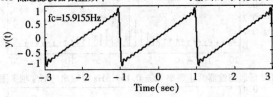

RC 低通滤波器截止频率 fc = 15.9155Hz 时输出的时域波形图

```
%  实验 7-2 的程序    r7_2.m
syms w t
f=sym('Heaviside(t)+Heaviside(t-2)-2*Heaviside(t-4)');
F=fourier(f);F=simple(F);
H1='1/(j*w+1)';H2='10/(j*w+10)';          %定义系统函数
Y1=H1*F,Y2=H2*F;                          %计算输出频谱
y1=ifourier(Y1,t);y2=ifourier(Y2,t);      %傅里叶反变换得到时间响应
y1=simple(y1);y2=simple(y2);              %化简
w=linspace(0,3*pi,300);                   %定义频率范围
F_n=subs(F);Y1_n=subs(Y1);Y2_n=subs(Y2);  %将符号解换成数值解
t=linspace(-0.5,9,300);
y1_n=real(subs(y1));y2_n=subs(y2);f_n=subs(f);
figure(1)
subplot(3,1,1),myplot(w,abs(F_n)),
title('输入信号的幅度频谱图 |F(\omega)|','FontSize',8)
subplot(3,1,2),myplot(w,abs(Y1_n))
title('响应信号的幅度频谱图 |Y(\omega)|','FontSize',8)
text(5,3.5,'低通滤波器截止频率\omegac=1(rad/s)','FontSize',8)
```

```
subplot(3,1,3),myplot(w,abs(Y2_n))
title('响应信号的幅度频谱图 |Y(\omega)|','FontSize',8)
text(5,3.5,'低通滤波器截止频率\omegac=10(rad/s)','FontSize',8)
xlabel('\omega(rad/s)')
figure(2)
subplot(3,1,1),myplot(t,f_n),
title('输入信号的时域波形 f(t)','FontSize',8)
subplot(3,1,2),myplot(t,y1_n)
title('响应信号的时域波形 y(t)','FontSize',8)
text(4.5,1.7,'低通滤波器截止频率\omegac=1(rad/s)','FontSize',8)
subplot(3,1,3),myplot(t,y2_n)
title('响应信号的时域波形 y(t)','FontSize',8)
text(4.5,1.7,'低通滤波器截止频率\omegac=10(rad/s)','FontSize',8)
xlabel('Time(sec)')
```

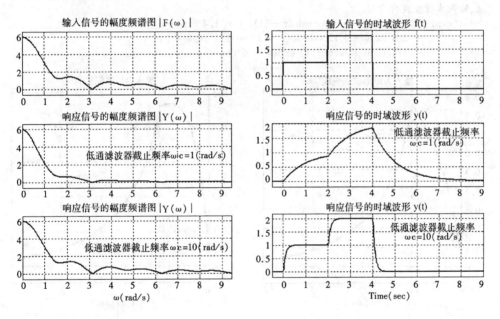

A.8 实验 8 的参考程序

```
% 实验 8-1 的程序   r8_1.m
syms s;
H=(2*s+6)/(s^2+6*s+5);              %定义系统函数
f1=sym('Heaviside(t)-Heaviside(t-1)');   %定义输入信号
f2=sym('exp(-t)*(Heaviside(t)-Heaviside(t-1))');
F1=laplace(f1);                     %对输入信号的拉普拉斯变换
F2=laplace(f2);
Y1=H*F1; Y2=H*F2;                   %计算输出的拉普拉斯变换
y1=ilaplace(Y1); y2=ilaplace(Y2);   %拉普拉斯反变换得到时间响应
y1=simple(y1); y2=simple(y2);       %化简
```

```
t=0:0.005:4;
y1_n=subs(y1);y2_n=subs(y2);              %将符号量变为数值量
subplot(1,2,1),myplot(t,y1_n);
xlabel('Time(sec)');title('输入为矩形波的响应');
subplot(1,2,2),myplot(t,y2_n);
xlabel('Time(sec)');title('输入为指数波的响应');
disp('输入为矩形波的响应');
pretty(y1);
disp('输入为指数波的响应');
pretty(y2);
```

输入为矩形波的响应
  $-1/5 \exp(-5t) - \exp(-t) + 1/5 \text{Heaviside}(t-1) \exp(-5t+5)$
  $+ \exp(-t+1) \text{Heaviside}(t-1) + 6/5 - 6/5 \text{Heaviside}(t-1)$

输入为指数波的响应
  $(\exp(-t) - \exp(-t) \text{Heaviside}(t-1)) t - 1/4 \exp(-5t)$
  $+ 3/4 \exp(-t) \text{Heaviside}(t-1) + 1/4 \exp(-t)$
  $+ 1/4 \text{Heaviside}(t-1) \exp(4-5t)$

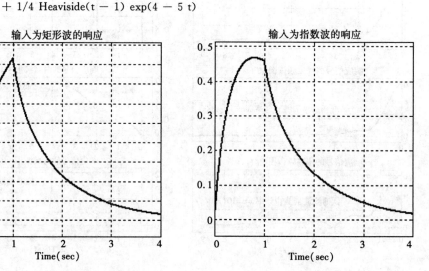

```
% 实验 8-2 的程序   r8_2.m
syms s
H=1/(s+1);
F10=1/s*(1-exp(-s));F20=2/s^2*(1-exp(-s))-2*exp(-s)/s;
                                          %输入信号第1周期的拉普拉斯变换
F1=F10+F10*exp(-2*s)+F10*exp(-4*s)+F10*exp(-6*s)+F10*exp(-8*s);
                                          %第5个周期的拉普拉斯变换
F2=F20+F20*exp(-2*s)+F20*exp(-4*s)+F20*exp(-6*s)+F20*exp(-8*s);
Y1=H.*F1;Y2=H.*F2;                        %输出的拉普拉斯变换
Y10=H.*F10;Y20=H.*F20;                    %输出信号第1周期的拉普拉斯变换
y1=ilaplace(Y1); y1=simple(y1);
y2=ilaplace(Y2); y2=simple(y2);
t=0:0.02:7;
```

```
f1=rectpuls(t-0.5,1)+rectpuls(t-2.5,1)+rectpuls(t-4.5,1)+rectpuls(t-6.5,1);
f2=tripuls(t-0.5,1,1)+tripuls(t-2.5,1,1)+tripuls(t-4.5,1,1)+tripuls(t-6.5,1,1);
y1n=subs(y1);y2n=subs(y2);
figure(1)
subplot(2,1,1),myplot(t,f1);
xlabel('Time(sec)');ylabel('f(t)')
subplot(2,1,2),myplot(t,y1n);
xlabel('Time(sec)');ylabel('y(t)')
figure(2)
subplot(2,1,1),myplot(t,f2);
xlabel('Time(sec)');ylabel('f(t)')
subplot(2,1,2),myplot(t,y2n);
xlabel('Time(sec)');ylabel('y(t)')
t=8:9;                           %认为第5个周期已达稳态,令t=8s,9s
ys1=subs(y1);ys2=subs(y2);       %计算稳态值
y10=ilaplace(Y10); y20=ilaplace(Y20);
disp('输入为周期方波信号的响应第一周期');
pretty(y10);
disp('输出稳态周期信号的2个值');
ys1
disp('输入为周期锯齿波信号的响应第一周期');
pretty(y20);
disp('输出稳态周期信号的2个值');
ys2
```

输入为周期方波信号的响应第一周期
                -exp(-t) + 1 + exp(-t + 1) Heaviside(t - 1) - Heaviside(t - 1)
输出稳态周期信号的2个值
ys1 =
    0.2689 0.7310
输入为周期锯齿波信号的响应第一周期
                2 exp(-t) + 2 t - 2 - 2 Heaviside(t - 1) t + 2 Heaviside(t - 1)
输出稳态周期信号的2个值
ys2 =
    0.3129 0.8509

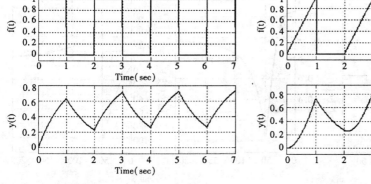

A.9 实验9的参考程序

```
% 实验9-3的程序    r9_3.m
figure(1)
w=linspace(0,200,200);                    %定义频率范围
p=[-10-j*25 -10+j*25];a=poly(p);b=[1 0];  %计算分子和分母系数向量
freresp(b,a,w)                            %调用画频率响应的函数
figure(2)
w=linspace(0,200,200);
p=[-20-j*40 -20+j*40];a=poly(p);z=[j*50 -j*50];b=poly(z);
freresp(b,a,w)
figure(3)
w=linspace(0,150,200);
p=[-10-j*20 -10+j*20];a=poly(p);b=[1 0 0];
freresp(b,a,w);
figure(4)
w=linspace(0,80,200);
p=[j*40 -j*40];a=poly(p);z=[j*50 -j*50];b=poly(z);
freresp(b,a,w)
```

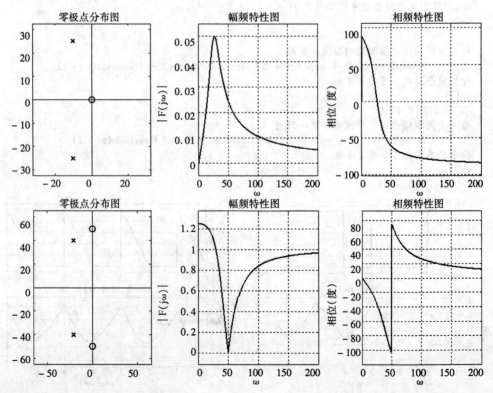

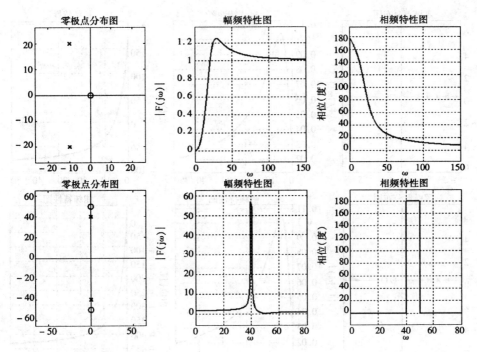

```
% 实验 9-4 的程序    r9_4.m
figure(1)
w=linspace(0,50,200);
p=[-3 -4 -5];a=poly(p);z=[-1 -2];b=poly(z);
freresp(b,a,w)
figure(2)
w=linspace(0,50,200);
p=[-3 -4 -5];a=poly(p);z=[1 -2];b=poly(z);
freresp(b,a,w)
figure(3)
w=linspace(0,50,200);
p=[-3 -4 -5];a=poly(p);z=[1 2];b=poly(z);
freresp(b,a,w);
```

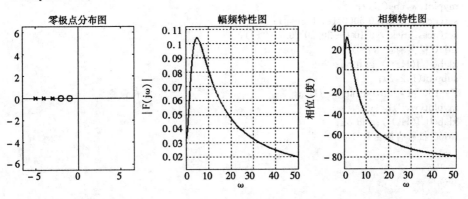

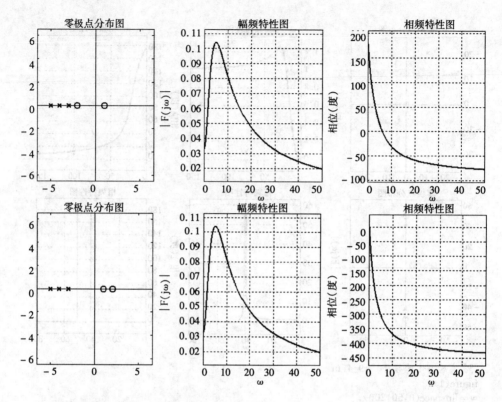

A.10 实验10的参考程序

```
% 实验10-1(a)的程序                    r10-1a.m
fp=5000;fs=1e4;Rp=3;As=30;
[n,fc]=buttord(fp,fs,Rp,As,'s');      % 求阶数 n,截止频率 wc
[b,a]=butter(n,fc,'s');               % 求系统函数的系数
w=linspace(0,15000,200);
H=freqs(b,a,w);                       % 求幅频特性
subplot(1,2,1);
myplot(w,abs(H));
set(gca,'xtick',[0 5000 1e4 1.5e4]);
set(gca,'ytick',[0 10^(-30/20) 0.707 1]);
title('幅频响应曲线')
xlabel('f(Hz)');grid on;
subplot(1,2,2);
P=180/pi*unwrap(angle(H));
myplot(w,P);                          % 求相频特性
xlabel('f(Hz)');grid on;
title('相频响应曲线')

>> n =
     5
```

fc =
   5.0124e+003

Transfer function：
$$\frac{3.164e018}{s^5 + 1.622e004\ s^4 + 1.316e008\ s^3 + 6.594e011\ s^2 + 2.043e015\ s + 3.164e018}$$

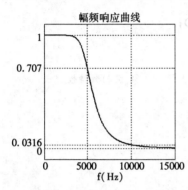
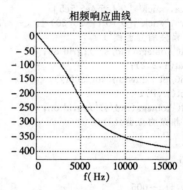

```
% 实验 10-1(b)的程序                     r10_1b.m
fp=5000;fs=1e4;Rp=3;As=30;
[n,fc]=cheb1ord(fp,fs,Rp,As,'s');       % 求阶数 n,截止频率 wc
[b,a]=cheby1(n,Rp,fc,'s');              % 求系统函数的系数
sys=tf(b,a)                             % 系统函数的多项式形式
w=linspace(0,15000,200);
H=freqs(b,a,w);                         % 求幅频特性
subplot(1,2,1);
myplot(w,abs(H));
set(gca,'xtick',[0 fc 1e4 1.5e4]);      %在指定的数据画 x 轴网线
set(gca,'ytick',[0 10^(-30/20) 0.707 1]);  %在指定的数据画 y 轴网线
title('幅频响应曲线')
xlabel('\omega(rad/s)');grid on;
subplot(1,2,2);
P=180/pi*unwrap(angle(H));              % 求相频特性
myplot(w,P);
xlabel('\omega(rad/s)');grid on;
title('相频响应曲线')
>> n =
     4
fc =
     5000
```

Transfer function：
$$\frac{7.831e013}{s^4 + 2908\ s^3 + 2.923e007\ s^2 + 5.06e010\ s + 1.106e014}$$

```
% 实验 10-2 的程序                        r10_2.m
wp=1e5;ws=4e5;Rp=3;As=35;
[n,wc]=buttord(wp,ws,Rp,As,'s');        % 求阶数 n,截止频率 wc
```

```
[b,a]=butter(n,wc,'s');                    % 求系统函数的系数
sys=tf(b,a)                                % 系统函数的多项式形式
w=linspace(0,5e5,200);
H=freqs(b,a,w);                            % 求幅频特性
subplot(1,2,1);
myplot(w,abs(H));
set(gca,'xtick',[0 1e5 4e5 5e5]);
set(gca,'ytick',[0 10^(-35/20) 10^(-3/20) 1]);
title('幅频响应曲线')
xlabel('\omega(rad/s)');grid on;
subplot(1,2,2);
P=180/pi*unwrap(angle(H));                 % 求相频特性
myplot(w,P);
xlabel('\omega(rad/s)');grid on;
title('相频响应曲线')
>> n =
      3
wc =
   1.0441e+005

Transfer function:
              1.138e015
---------------------------------------------
s^3 + 2.088e005 s^2 + 2.18e010 s + 1.138e015
```

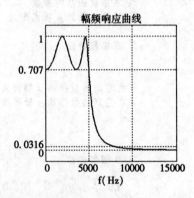
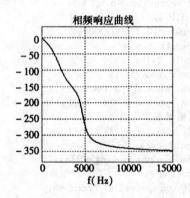

```
% 实验10-3的程序            r10_3.m
wp=2*pi*1000;ws=4*pi*1e3;Rp=1;As=40;
[n,wc]=cheb1ord(wp,ws,Rp,As,'s');           % 求阶数n,截止频率wc
[b,a]=cheby1(n,Rp,wc,'s');                  % 求系统函数的系数
sys=tf(b,a)                                 % 系统函数的多项式形式
w=linspace(0,5*pi*1000,200);
H=freqs(b,a,w);                             % 求幅频特性
subplot(1,2,1);
myplot(w,abs(H));
set(gca,'xtick',[0 wc ws]);
set(gca,'ytick',[0 10^(-40/20) 0.707 1]);
title('幅频响应曲线')
xlabel('\omega(rad/s)');grid on;
subplot(1,2,2);
```

```
P=180/pi * unwrap(angle(H));          % 求相频特性
myplot(w,P);
xlabel('\omega(rad/s)');grid on;
title('相频响应曲线')

>> n =
    5
wc =
   6.2832e+003
```

Transfer function:

$$\frac{1.203\mathrm{e}018}{s^5 + 5886\ s^4 + 6.667\mathrm{e}007\ s^3 + 2.417\mathrm{e}011\ s^2 + 9.048\mathrm{e}014\ s + 1.203\mathrm{e}018}$$

A.11 实验 11 的参考程序

```
% 实验 11-1 的程序   r11_1.m
n=-5:15;
f1=(1-0.8.^(n+3)).*u(n+3);
figure(1),mystem(n,f1)
n=-20:5;
f2=(0.9.^(-n).*cos(n.*pi/8)).*u(-n+3);
figure(2),mystem(n,f2);
n=-12:12;
f3=0.5*n.*rectpuls(n,16);
figure(3),mystem(n,f3);
n=-18:18;
f4=sawtooth(2*n.*pi/14);
figure(4),mystem(n,f4);
```

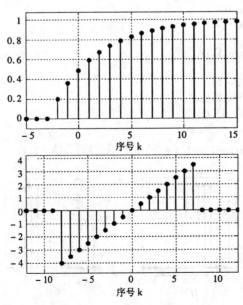

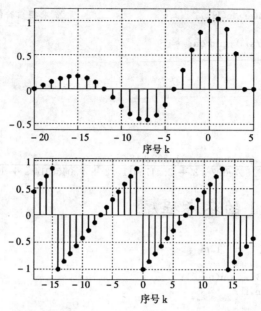

```
% 实验 11-2 的程序    r11_2.m
clear
k0=-7;k1=7
k=k0:k1;
f=fd2(k+2);                              %调用自定义函数
subplot(1,4,1),mystem(k,f),
title('f(k+2)')
f=fd2(k+2).*u(-k-2);
subplot(1,4,2),mystem(k,f),
title('f(k+2)*u(-k-2)')
f=fd2(-k+2);
subplot(1,4,3),mystem(k,f),
title('f(-k+2)')
f=fd2(-k+2).*u(k-1);
subplot(1,4,4),mystem(k,f),
title('f(-k+2)*u(k-1)')

function f=fd2(k)                        %自定义函数
f=delta(k+2)+delta(k+1)-1/3*(k-3).*(u(k)-u(k-3));
```

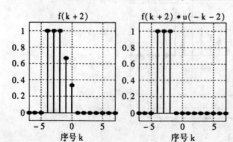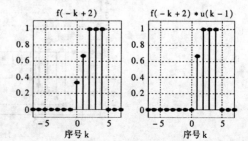

```
% 实验11-3的程序    r11_3.m
figure(1)
k=-25:25;
f=sin(k*pi/4)-2*cos(k*pi/6);
mystem(k,f)
[x,y]=ginput(2)                                    % 返回当前鼠标的位置
gtext(['\bf 周期:N=',num2str(round(x(2)-x(1)))])   % 显示周期
figure(2)
k=-25:25;
f=cos(3*k/7-pi/8);
mystem(k,f)
```

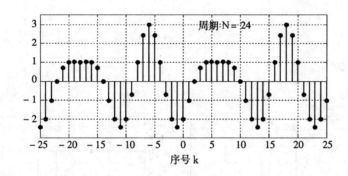

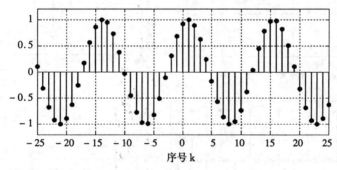

```
% 实验11-4的程序    r11_4.m
clear
figure(1)
k=-6:6;
f1=[0 0 0 0 0 6 4 2 2 0 0 0];
mystem(k,f1)
figure(2)
f2=[0 0 0 0 -3 -2 -1 0 1 0 0 0 0];
mystem(k,f2)
figure(3)
  k=-15:15;
f3=cos(pi*k/2);
mystem(k,f3);
figure(4)
```

```
k=-2:15;
f4=8*(0.5).^k.*u(k);
mystem(k,f4)
disp('离散信号的功率和能量')
E1=sum(abs(f1).^2)
E2=sum(abs(f2).^2)
k=0:3;f3=cos(pi*k/2);
E3=sum(abs(f3).^2);P3=E3/4
E4=sum(abs(f4).^2)
```

离散信号的功率和能量
E1 =
   60
E2 =
   15
P3 =
   0.5000
E4 =
   85.3333

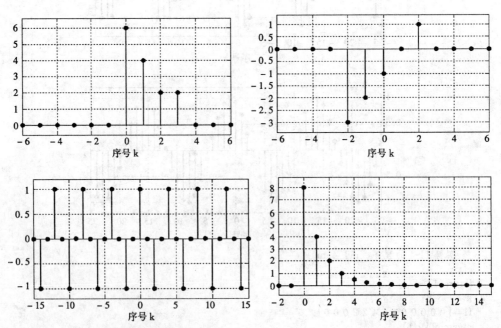

A.12 实验12的参考程序

```
% 实验12-1的程序    r12_1.m
a=[0.7 -0.45 -0.6];b=[0.8 -0.44 0.36 0.02];
y0=[2 -1 1];f0=[0 0 0];
n=0:30;
```

```
f=zeros(1,31);                          %输入信号为零
figure(1)
y=recur(a,b,n,f,f0,y0),                 %调用迭代法函数
mystem(n,y),
ylabel('yzi(k)')
y0=[0 0 0];f=(0.5).^n.*u(n)+1;          %初始值为零
figure(2)
y=recur(a,b,n,f,f0,y0),                 %调用迭代法函数
mystem(n,y),
ylabel('yzs(k)')
y0=[2 -1 1];f=(0.5).^n.*u(n)+1;
figure(3)
y=recur(a,b,n,f,f0,y0),
mystem(n,y),
ylabel('y(k)')
```

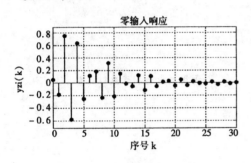
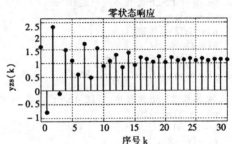
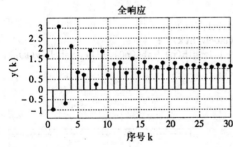

```
% 实验12-2a的程序   r12_1a.m
n=0:10;
f=.3.^n;
h=.5.^n;
y=conv(f,h)
subplot(3,1,1),mystem(n,f),ylabel('f(k)');
subplot(3,1,2),mystem(n,h),ylabel('h(k)');
subplot(3,1,3),mystem(n,y(1:length(n))),ylabel('y(k)');
% 用理论计算结果验证
hold on;y1=-1.5*.3.^n+2.5*.5.^n;
subplot(3,1,3),stem(n,y1,'r-')
hold off
```

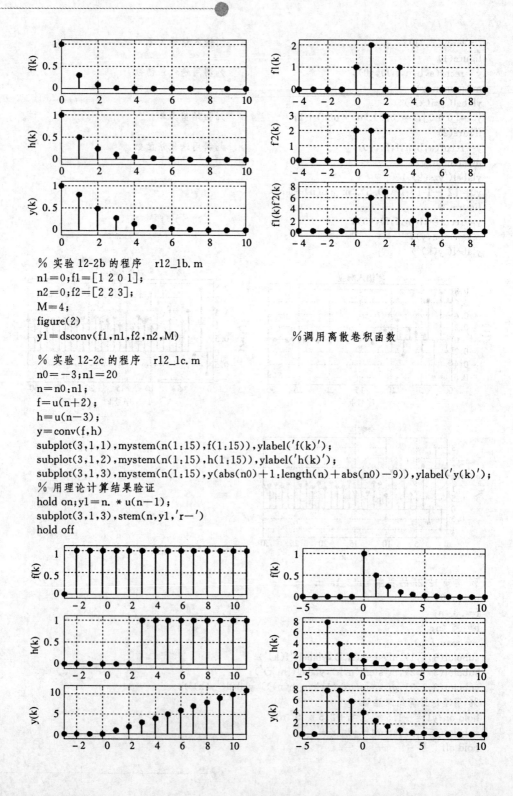

```
% 实验 12-2b 的程序    r12_1b.m
n1=0;f1=[1 2 0 1];
n2=0;f2=[2 2 3];
M=4;
figure(2)
y1=dsconv(f1,n1,f2,n2,M)              %调用离散卷积函数

% 实验 12-2c 的程序    r12_1c.m
n0=-3;n1=20
n=n0:n1;
f=u(n+2);
h=u(n-3);
y=conv(f,h)
subplot(3,1,1),mystem(n(1:15),f(1:15)),ylabel('f(k)');
subplot(3,1,2),mystem(n(1:15),h(1:15)),ylabel('h(k)');
subplot(3,1,3),mystem(n(1:15),y(abs(n0)+1:length(n)+abs(n0)-9)),ylabel('y(k)');
% 用理论计算结果验证
hold on;y1=n.*u(n-1);
subplot(3,1,3),stem(n,y1,'r-');
hold off
```

```
% 实验 12-2d 的程序   r12_1d.m
n0=-5;n1=10
n=n0:n1;
f=0.5.^n.*u(n);
h=0.5.^n.*(u(n+3)-u(n-4));
y=conv(f,h);
subplot(3,1,1),mystem(n,f),ylabel('f(k)');
subplot(3,1,2),mystem(n,h),ylabel('h(k)');
subplot(3,1,3),mystem(n,y(abs(n0)+1:length(n)+abs(n0))),ylabel('y(k)');
```

A.13 实验 13 的参考程序

实验 13-1 的 Matlab 命令

```
>> syms k
>> F=ztrans(2.^(k+1))
F =
z/(1/2*z-1)
>> f=sym('2^(k+2)*Heaviside(k-1)');
>> F=ztrans(f)
F =
2*z/(1/2*z-1)-4
>> F=simple(F)
F =
8/(z-2)
>> F=ztrans((k+1)*2^k)
F =
2*z/(z-2)^2+1/2*z/(1/2*z-1)
>> F=simple(F)
F =
z^2/(z-2)^2
>> f=sym('(k-1)*2^(k+2)*Heaviside(k-1)');
>> F=ztrans(f)
F =
8*z/(z-2)^2-2*z/(1/2*z-1)+4
>> F=simple(F)
F =
16/(z-2)^2
```

实验 13-2 的 Matlab 命令

```
>> F=sym('z/((z-1)^2*(z-2))');f=iztrans(F)
f =
-1-n+2^n
>> F=sym('z^2/((z*exp(1)-1)^3)');f=iztrans(F)
f =
1/2*(n+n^2)/(exp(1)^n)/exp(1)^2
>> f=simple(f)
f =
1/2*n*(1+n)*exp(-n-2)
>> F=sym('1/(1+1/2/z)');f=iztrans(F)
```

```
f =
(-1/2)^n
>> F=sym('(1-1/2/z)/(1+3/4/z+1/8/z^2)');f=iztrans(F)
f =
-3*(-1/4)^n+4*(-1/2)^n
>> F=sym('(1-1/2/z)/(1-1/4/z)');f=iztrans(F)
f =
2*charfcn[0](n)-(1/4)^n
>> F=sym('(1-a/z)/(1/z-a)');f=iztrans(F)
f =
(-charfcn[0](n)*a^2-(1/a)^n+(1/a)^n*a^2)/a
>> f=simple(f)
f =
-charfcn[0](n)*a-1/a*(1/a)^n+a*(1/a)^n

% 实验 13-3a 的程序    r13_3a.m
syms z real
a=[1 -0.9 0.2];                    % 差分方程左边系数 an
b=[1 0 0];                         % 差分方程左边系数 bm
F=z/(z-1/2);                       % 输入信号 Z 变换
y0=[1 -4];                         % 初始条件 y(-1),y(-2)
Zn=[1 1/z z^-2];                   % Z 的多项式
An=a*Zn';                          % 形成分母多项式
B=b*Zn';                           % 形成分子多项式
H=B/An;                            % 计算系统函数 H(Z)
Yzs=H.*F;                          % 计算零状态响应的 Z 变换
yzs=iztrans(Yzs);                  % Z 反变换
disp('零状态响应')
pretty(yzs)
A=[a(3)/z+a(2) a(3)];
Bf=[b(3)/z+b(2) b(3)];
Y0s=-A*y0';
Yzi=Y0s/An;                        % 计算零输入响应的 Z 变换
yzi=iztrans(Yzi);                  % Z 反变换
disp('  零输入响应')
pretty(yzi)
y=yzs+yzi;                         % 计算全响应
disp('  全响应')
pretty(y)

>>  零状态响应
                                     n          n              n
                              -15 (1/2)  + 5 (1/2)  n + 16 (2/5)
    零输入响应
                                          n              n
                                 13/2 (1/2)  - 24/5 (2/5)
    全响应
                                        n          n              n
                             -17/2 (1/2)  + 5 (1/2)  n + 56/5 (2/5)
```

```
% 实验13-3b的程序    r13_3b.m
syms z real
a=[1 -0.7 0.1];              % 差分方程左边系数 an
b=[7 -2 0];                  % 差分方程左边系数 bm
F=z/(z-1);                   % 输入信号Z变换
y0=[0 3];                    % 初始条件 y(0),y(1)等
f=[1 1];                     % 输入的初值 f(0),f(1)等
Zn=[z^2 z 1];                % Z的多项式
An=a*Zn';                    % 形成分母多项式
B=b*Zn';                     % 形成分子多项式
H=B/An;                      % 计算系统函数 H(Z)
Yzs=H.*F;                    % 计算零状态响应的Z变换
yzs=iztrans(Yzs);            % Z反变换
disp('  零状态响应')
pretty(yzs)
A=[a(1)*z^2+a(2)*z a(1)*z];
Bf=[b(1)*z^2+b(2)*z b(1)*z];
Y0s=A*y0'-Bf*f';             % 形成分子多项式
Yzi=Y0s/An;                  % 计算零输入响应的Z变换
yzi=iztrans(Yzi);            % Z反变换
disp('  零输入响应')
pretty(yzi)
y=yzs+yzi;                   % 计算全响应
disp('  全响应')
pretty(y)
>>   零状态响应
                          n              n
                   -5 (1/2)  - 1/2 (1/5)  + 25/2

     零输入响应
                             n              n
                  - 55/3 (1/2)  + 34/3 (1/5)

     全响应
                             n              n
                  - 70/3 (1/2)  + 65/6 (1/5)  + 25/2
```

A.14 实验14的参考程序

```
% 实验14-2的程序    r14_2.m
b=[1,2,0];
a=[1,0.4,-0.12];
n=0:15;
[h n]=impz(b,a,n);                    %计算冲激响应
figure(1);mystem(n,h),title('冲激响应')
f=u(n);
yzs=filter(b,a,f);                    %计算零状态响应
figure(2),mystem(n,yzs),title('零状态响应')
```

```
zi=filtic(b,a,[1 2]);                    %计算初始值
y=filter(b,a,f,zi);                      %计算全响应
figure(3),mystem(n,y),title('全响应')
```

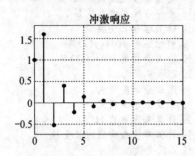

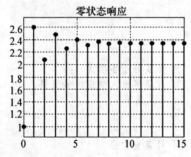
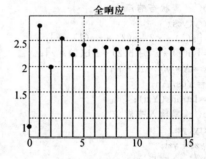

```
% 实验14-3a 的程序    r14_3a.m
b=[1,0,-1];
a=[1,0,0];
[H,w]=freqz(b,a);                        %计算频率响应
figure(1);myplot(w/pi,abs(H))
xlabel('频率\omega (x\pi rad/sample)')
title('幅度响应')
figure(2);myplot(w/pi,unwrap(angle(H) * 180/pi))
xlabel('频率\omega (x\pi rad/sample)')
title('相位响应')
```

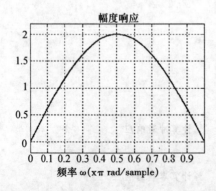
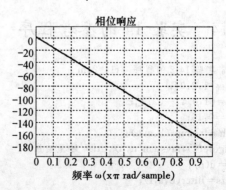

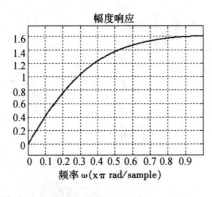
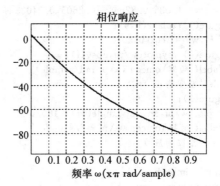

```
% 实验 14-3b 的程序    r14_3b.m
b=[1,-1];
a=[1,-0.25];
[H,w]=freqz(b,a);
figure(1);myplot(w/pi,abs(H))
xlabel('频率\omega (x\pi rad/sample)')
title('幅度响应')
figure(2);myplot(w/pi,unwrap(angle(H)*180/pi))
xlabel('频率\omega (x\pi rad/sample)')
title('相位响应')
% 实验 14-3c 的程序    r14_3c.m
b=[1,-2];
a=[1,-0.5];
[H,w]=freqz(b,a);
figure(1);myplot(w/pi,abs(H))
xlabel('频率\omega (x\pi rad/sample)')
title('幅度响应')
figure(2);myplot(w/pi,unwrap(angle(H)*180/pi))
xlabel('频率\omega (x\pi rad/sample)')
title('相位响应')
```

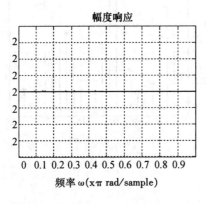
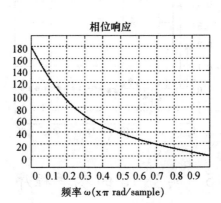

```
% 实验 14-4 的程序    r14_4.m
b=[0.03571 0.14281,0.2143,0.1428,0.03571];
```

```
a=[1,-1.035,0.8264,-0.2605,0.04033];
figure(1);zplane(b,a);                          %画零极点图
[H,w]=freqz(b,a);                               %计算频率响应
figure(2);myplot(w/pi,abs(H))
xlabel('频率\omega (x\pi rad/sample)')
title('幅度响应')
figure(3);
myplot(w/pi,unwrap(angle(H)*180/pi))
xlabel('频率\omega (x\pi rad/sample)')
title('相位响应')
n=0:25;
[h n]=impz(b,a,n);
figure(4);mystem(n,h)
xlabel('k'),title('冲激响应')
f=1+cos(n*pi/4)+cos(n*pi/2);
yzs=filter(b,a,f);
figure(5),mystem(n,yzs),title('零状态响应')
```

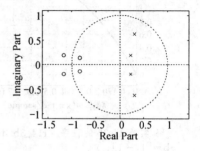

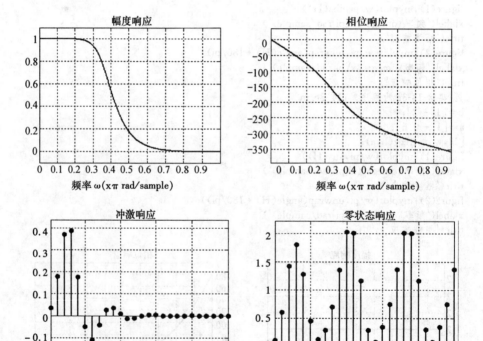

A.15 实验15的参考程序

```
% 实验15-1的程序    r15_1.m
format compact
```

```matlab
% (a)
b=[1 0 2 -2];
a=[1 2 -1 -2];
disp('(a)零极点型模型')
[z,p,k]=tf2zp(b,a)
disp('极点留数型模型')
[r,p,k]=residue(b,a)
disp('状态空间型模型')
[A,B,C,D]=tf2ss(b,a)
% (b)
A=[1 2;-2 -6];B=[-3 2]';C=[1 2];D=[0];
disp('(b)零极点型模型')
[z,p,k]=ss2zp(A,B,C,D)
disp('多项式型模型')
[b,a]=ss2tf(A,B,C,D)
disp('极点留数型模型')
[r,p,k]=residue(b,a)
% (c)
z=[2];p=[0 -1 -1 -1];k=1;
disp('(c)状态空间型模型')
[A,B,C,D]=zp2ss(z,p,k)
disp('多项式型模型')
[b,a]=zp2tf(z,p,k)
disp('极点留数型模型')
[r,p,k]=residue(b,a)


% 实验15-2 的程序  r15_2.m
t=0:0.01:5;
b=[4 10];a=[1 8 19 12];
[A,B,C,D]=tf2ss(b,a);
zi=[1 1 1];                       % 初始条件
f=5*exp(-t);                      % 输入信号
sys=ss(A,B,C,D);
[y,t,x]=lsim(sys,f,t,zi);         % 计算全响应
f=zeros(1,length(t));             % 令输入为零
yzi=lsim(sys,f,t,zi);             % 计算零输入响应
f=5*exp(-t);
zi=[0 0 0];                       % 令初始条件为零
yzs=lsim(sys,f,t,zi);             % 计算零状态响应
figure(1)
plot(t,x(:,1),'-',t,x(:,2),'-.',t,x(:,3),':','linewidth',2)
legend('x(1)','x(2)','x(3)')      % 显示图例
title('状态变量波形')
xlabel('Time(sec)')
figure(2)
plot(t,y,'-',t,yzi,'-.',t,yzs,':','linewidth',2)
legend('y','yzi','yzs')           % 显示图例
title('系统响应,零输入响应,零状态响应')
xlabel('Time(sec)')
```

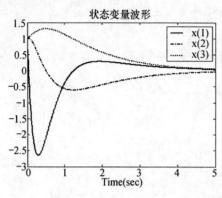

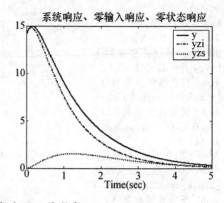

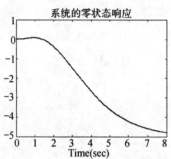

```
% 实验15-3的程序    r15_3.m
t=0:0.05:8;
z=[2];p=[0 -1 -1 -1];k=1
[A,B,C,D]=zp2ss(z,p,k)
f=exp(-t)+3*exp(-2*t);
sys=ss(A,B,C,D);
zi=[0 0 0 0];
yzs=lsim(sys,f,t,zi);
plot(t,yzs,'linewidth',2)
title('系统的零状态响应')
xlabel('Time(sec)')
```

A.16 实验16的参考程序

```
% 实验16-1的程序   r16_1.m
syms s t
A=[-2 1;0 -1];B=[1 0]';C=[1 0];D=[0];
x0=[1 1]';                              % 初始条件
F=1/s;                                  % 输入信号
Q=s*eye(2)-A;                           % 计算sI-A
Q=inv(Q);                               % 计算sI-A的逆
X=Q*x0+Q*B*F;                           % 计算状态变量X(s)
disp('状态变量表达式')
x=ilaplace(X);                          % 拉普拉斯反变换x(t)
x=simple(x)                             %化简
disp('零输入响应表达式')
Yzi=C*Q*x0;yzi=ilaplace(Yzi)
disp('零状态响应表达式')
Yzs=(C*Q*B+D)*F;yzs=simple(ilaplace(Yzs))  %计算零状态响应并化简
disp('输出表达式')
y=C*x                                   %计算全响应
t=0:0.01:3;
xl=subs(x);yl=subs(y);                  %将符号量变换成数值量
figure(1)
plot(t,xl(1,:),'-',t,xl(2,:),'-.','linewidth',2)
```

```
legend('x(1)','x(2)')                              % 显示图例
title('状态变量波形')
xlabel('Time(sec)')
figure(2)
y1=subs(y);yzi1=subs(yzi);yzs1=subs(yzs);
plot(t,y1,'—',t,yzi1,'—.',t,yzs1,':','linewidth',2)
legend('y','yzi','yzs')                            % 显示图例
title('系统响应,零输入响应,零状态响应')
xlabel('Time(sec)')
```

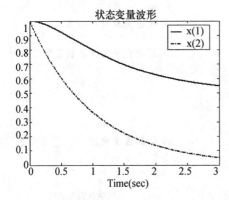
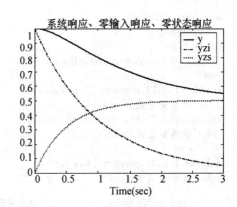

```
% 实验 16-2 的程序    r16_2.m
syms z k
A=[0 1;-1/6 5/6];B=[0 1]';C=[-1 5];D=[0];
x0=[2 3]';                                         % 初始条件
F=[z/(z-1)];                                       % 输入信号 Z 变换
Q=inv(z*eye(2)-A)*z;                               % 计算状态转移矩阵
X=Q*x0+1/z*Q*B*F;                                  % 计算状态变量
x=iztrans(X,k);                                    % Z 反变换 x(k)
y=C*x                                              % 计算输出
Hs=(C*Q/z*B+D);Hs=simple(Hs)                       % 计算系统函数
k=0:15;
y_n=subs(y);x1=subs(x(1));x2=subs(x(2));
figure(1),mystem(k,x1),title('系统状态变量 x(1)'),xlabel('k')
figure(2),mystem(k,x2),title('系统状态变量 x(2)'),xlabel('k')
figure(3),mystem(k,y_n),title('系统输出响应 y(k)'),xlabel('k')
```

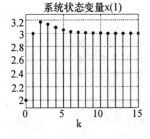
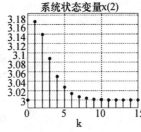
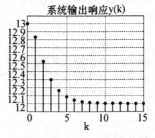

A.17 实验17的参考程序

```
% 实验17-1的程序    r17_1.m
clear
A=[0 1;-1/6 5/6];B=[0 1]';C=[-1 5];D=[0];
x0=[2 3]';                              % 初始条件
n=15;                                   % 计算步数
k=1:n;f=u(k);                           % 输入信号
x(:,1)=x0;                              % 状态变量赋初始值
for i=1:n
    x(:,i+1)=A*x(:,i)+B*f(i);           % 用迭代公式计算状态变量
end
subplot(1,3,1),mystem([0:n],x(1,:))
title('状态变量波形 x1(t)')
subplot(1,3,2),mystem([0:n],x(2,:))
title('状态变量波形 x2(t)')
y=C*x;                                  % 计算输出响应
subplot(1,3,3),mystem([0:n],y)
title('输出响应波形 y(t)')
```

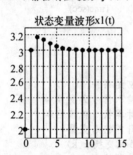
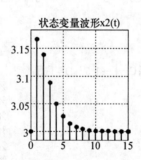
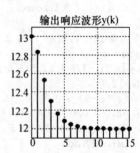

```
% 实验17-2的程序    r17_2.m
clear,syms s t
ts=0.01;t=0:0.01:6;nf=length(t);
A=[-2 1;0 -1];B=[1 0]';C=[1 0];D=[0];
zi=[1 1]; x0=[1 1]';                    % 初始条件
f=2*sin(2*pi*t);                        % 输入信号
f1=sym('2*sin(2*pi*t)');
F=laplace(f1);
Q=s*eye(2)-A;                           % 计算 sI-A
Q=inv(Q);                               % 计算 sI-A 的逆
X=Q*x0+Q*B*F;                           % 计算状态变量 X(s)
x=ilaplace(X);                          % 拉普拉斯反变换 x(t)
x=simple(x);
y=C*x;                                  % 计算全响应
y1=subs(y);                             % 变为数量值
figure(1)
```

```
myplot(t,y1),title('用拉普拉斯变换计算的 y(t)'),xlabel('Time(sec)')
sys=ss(A,B,C,D);
[y,t,x]=lsim(sys,f,t,zi);                    % 计算全响应
figure(2)
myplot(t,y),title('用 lsim 计算的 y(t)'),xlabel('Time(sec)')
x=zeros(2,nf);
x(:,1)=x0;                                   % 状态变量赋初始值
[Ad,Bd]=c2d(A,B,ts);                         % 连续系统模型变换成离散模型
for i=1:nf-1
    x(:,i+1)=Ad*x(:,i)+Bd*f(i);              % 用迭代公式计算状态变量
end
t=(0:nf-1)*ts;
y=C*x;                                       % 计算全响应
figure(3)
myplot(t,y)
title('用迭代法计算的 y(t)'),xlabel('Time(sec)')
```

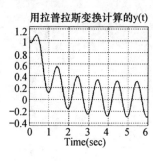

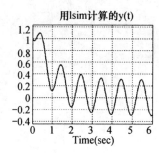

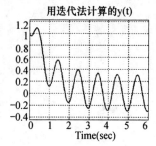

附录 B

Matlab 命令大全

B.1 Matlab 通用命令

管理变量和工作空间			
Who	列出当前变量	Size	矩阵的尺寸
Whos	列出当前变量(长表)	Length	向量的长度
Load	从磁盘文件中恢复变量	disp	显示矩阵或字符串
Save	保存工作空间变量	Clear	从内存中清除变量和函数
与文件和操作系统有关的命令			
cd	改变当前工作目录	Getenv	获取环境变量值
Dir	目录列表	!	执行 DOS 操作系统命令
Delete	删除文件	Diary	保存 Matlab 任务
操作符和特殊字符			
+	加	…	续行
−	减	=	赋值
*	矩阵乘法	= =	相等
.*	数组乘法	〈 〉	关系操作符
^	矩阵幂	&	逻辑与
.^	数组幂	|	逻辑或
\	左除或反斜杠	~	逻辑非
/	右除或斜杠	xor	逻辑异或
./	数组除		
逻辑函数			
Exist	检查变量或函数是否存在	All	向量的所有元为真,则其值为真
Any	向量的任一元为真,则其值为真	Find	找出非零元素的索引号

续表

	三角函数		
Sin	正弦	Atanh	反双曲正切
Sinh	双曲正弦	Sec	正割
Asin	反正弦	Sech	双曲正割
Asinh	反双曲正弦	Asech	反双曲正割
Cos	余弦	Csc	余割
Cosh	双曲余弦	Csch	双曲余割
Acos	反余弦	Acsc	反余割
Acosh	反双曲余弦	Acsch	反双曲余割
Tan	正切	Cot	余切
Tanh	双曲正切	Coth	双曲余切
Atan	反正切	Acot	反余切
Atan2	四象限反正切	Acoth	反双曲余切
	指数函数		
Exp	指数	Log10	常用对数
Log	自然对数	Sqrt	平方根
expm	矩阵指数函数	eig	求矩阵的特征值
	复数函数		
Abs	绝对值	Conj	复共轭
Argle	相角	Image	复数虚部
unwrap	去掉相角突变	Real	复数实部
	数值函数		
Fix	朝零方向取整	Round	朝最近的整数取整
Floor	朝负无穷大方向取整	Rem	除后取余
Ceil	朝正无穷大方向取整	Sign	符号函数
	基本矩阵		
Zeros	零矩阵	Meshgrid	三维图形的 X 和 Y 数组
Ones	全"1"矩阵	:	规则间隔的向量
Eye	单位矩阵	Linspace	等间隔的向量
Rand	均匀分布的随机数矩阵	Logspace	对数间隔的向量
Randn	正态分布的随机数矩阵	freqspace	频率特性的频率区间
	二维矩阵的基本访问规则		
A(r,c)	访问由 r 和 c 指定的元素或子矩阵	A(r)	将矩阵按一维列向量来访问
A(r,:)	访问由 r 指定的行向量或子矩阵	A(:,end)	访问矩阵的最后一列
A(:,c)	访问由 c 指定的列向量或子矩阵	A(end,:)	访问矩阵的最后一行
A(:)	将矩阵按列拉长作为列向量访问（也称单下标访问）		

续表

特殊变量和常数			
Ans	当前的答案	Flops	浮点运算次数
Eps	相对浮点精度	Nargin	函数输入变量数
Realmax	最大浮点数	Nargout	函数输出变量数
Realmin	最小浮点数	Computer	计算机类型
Pi	圆周率	Nan	非数值
I,j	虚数单位	Why	简明的答案
Inf	无穷大	Version	Matlab 版本号
时间和日期			
Clock	挂钟	Tic	秒表开始计时
Date	日历	Toc	计时函数
Etime	计时函数	Cputime	CPU 时间（以秒为单位）
多项式函数			
Roots	求多项式根	Polyfit	数据的多项式拟合
Poly	构造具有指定根的多项式	Polyder	微分多项式
Polyvalm	带矩阵变量的多项式计算	Conv	多项式乘法
Residue	部分分式展开（留数计算）	Deconv	多项式除法
基本作图函数			
plot	绘制连续波形	title	为图形加标题
stem	绘制离散波形	grid	画网格线
polar	极坐标绘图	xlable	为 X 轴加上轴标
loglog	双对数坐标绘图	ylable	为 Y 轴加上轴标
plotyy	用左右两种坐标	text	在图上加文字说明
semilogx	半对数 X 坐标	gtext	用鼠标在图上加文字说明
semilogy	半对数 Y 坐标	legend	标注图例
subplot	分割图形窗口	axis	定义 x,y 坐标轴标度
hold	保留当前曲线	line	画直线
ginput	从鼠标作图形输入	ezplot	画符号函数的图形
figure	定义图形窗口	Bar	条形图
Stairs	阶梯图	Compass	区域图
Errorbar	误差条图	Feather	箭头图
Hist	直方图	Fplot	绘图函数
Rose	角度直方图	Comet	星点图
程序控制			
If	条件执行语句	While	重复执行不定次数（循环）
Else	与 if 命令配合使用	Break	终止循环的执行

续表

Elseif	与 if 命令配合使用	Return	返回引用的函数
End	For,while 和 if 语句的结束	Error	显示信息并终止函数的执行
For	重复执行指定次数(循环)		
常用字符串转换函数			
abs	字符串到 ASCII 转换	num2str	数字转换成字符串
dec2hex	十进制数到十六进制字符串转换	setstr	ASCII 转换成字符串
mat2str	数值矩阵转换成字符串矩阵	sprintf	用格式控制,数字转换成字符串
hex2dec	十六进制字符串转换成十进制数	sscanf	用格式控制,字符串转换成数字
hex2num	十六进制字符串转换成 IEEE 浮点数	str2mat	字符串转换成一个文本矩阵
int2str	整数转换成字符串	str2num	字符串转换成数字
lower	字符串转换成小写	upper	字符串转换成大写
常用字符串函数			
eval(string)	作为一个 Matlab 命令求字符串的值	isspace	空格字符存在时返回真值
strcat(string1,string2,…)	字符串合并	isstr	输入是一个字符串,返回真值
blanks(n)	返回一个 n 个零或空格的字符串	lasterr	返回上一个所产生 Matlab 错误的字符串
deblank	去掉字符串中后拖的空格	strcmp	字符串相同,返回真值
feval	求由字符串给定的函数值	strrep	用一个字符串替换另一个字符串
findstr	从一个字符串内找出字符串	strtok	在一个字符串里找出第一个标记
isletter	字母存在时返回真值		
模型变换			
C2d	变连续系统为离散系统	Ss2tf	变状态空间表示为传递函数表示
C2dm	利用指定方法变连续为离散系统	Ss2zp	变状态空间表示为零极点表示
C2dt	带一延时变连续为离散系统	Tf2ss	变传递函数表示为状态空间表示
D2c	变离散为连续系统	Tf2zp	变传递函数表示为零极点表示
D2cm	利用指定方法变离散为连续系统	Zp2tf	变零极点表示为传递函数表示
Poly	变根值表示为多项式表示	Zp2ss	变零极点表示为状态空间表示
Residue	部分分式展开		

B.2 Matlab在信号与系统中的常用函数

波形产生和运算函数			
sawtooth	周期锯齿波或三角波	fliplr	信号翻转
square	周期方波	cumsum	信号累加
sinc	辛格函数	sum	信号求和
pulstran	脉冲串	diff	信号差分(微分)
rectpuls	矩形波(门函数)	quad	数值积分
tripuls	三角波	conv	信号卷积
diric	周期 sinc 函数	ones(1,N)	阶跃序列 ε(k)
rand(1,N)	产生[0,1]区间均匀分布的随机信号	randn(1,N)	产生均值为0,方差为1的白噪声
连续系统分析的函数			
z=roots(b),p=roots(a)	由H(s)的分子分母多项式系数求零极点		
b=poly(z),a=poly(p)	由零极点求分子分母多项式的系数		
[r,p,k]=residue(b,a)	部分分式展开		
sys=tf(b,a)	由分子分母多项式构成的系统函数		
sys=zpk(z,p,k)	由零极点形式构成的系统函数		
z=tzero(sys),p=pole(sys)	求系统的零极点		
Pzmap(sys)	绘制零极点图		
[H,w]=freqs(b,a) H=freqresp(sys,w)	计算频率响应		
Bode(sys) [MAG,PHASE]=bode(sys,w)	画频率响应的 bode 图		
Impulse(sys)	画冲激响应曲线		
Step(sys)	画阶跃响应曲线		
Lsim(sys)	计算任意输入下的系统零状态响应		
lsim(sys,u,t)	计算任意输入下的系统零状态响应(sys是状态空间形式)		
lsim(sys,u,t,x0)	计算任意输入下的系统全响应		
离散系统分析的部分函数			
zplane(b,a)	绘制零极点图	stepz(b,a,k)	画阶跃响应曲线
[H,w]=freqz(b,a)	计算频率响应	filer(b,a,f)	计算任意输入下的系统零状态响应
conv(x,h)	计算卷积和	filer(b,a,f,zi)	计算任意输入下的系统全响应
impz(b,a,k)	画冲激响应曲线	zi=filtic(b,a,y0,x0)	初始值计算

B.3 符号数学运算的基本函数

名 称	符号形式	举例说明
阶跃函数 $\varepsilon(t)$	Heaviside(t)	Heaviside(t−1)表示 $\varepsilon(t-1)$
冲激函数 $\delta(t)$	Dirac(t)	Dirac(t−1)表示 $\delta(t-1)$
离散冲激 $\delta(k)$	charfcn[0](k)	charfcn[1](k)表示 $\delta(k+1)$
定义符号变量	syms	Syms t w
定义符号表达式	sym('string')	sym('x^2+x+5')
替代	R=subs(f) R=subs(f,old,new)	用已赋值的变量替代 f 中的默认变量 用 new 替代 f 中 old 变量
化简	Simple(f)	化简使之包含的字符最少
化简	Simplify(f)	化简根式、分数、乘方、指数、三角函数
微分	diff(f) diff(f,a) diff(f,2) 二阶导数	diff(x^3) ans=3*X^2 diff(x^n,n) ans=x^n*log(x) diff(sin(2*x),2) ans=−4*sin(2*x)
不定积分	int(f),int(f,a)	int(x^n*log(x),n) ans=x^n
定积分	int(f,a,b)	int(exp(−x),0,inf) ans=1
解代数方程	solve('string')	solve('x^2+b*x+c=0') ans = [−1/2*b+1/2*(b^2−4*c)^(1/2)] [−1/2*b−1/2*(b^2−4*c)^(1/2)]
求一阶微分方程 通解	dsolve('Dy−a*y=5')	ans = −5/a+exp(a*t)*C1
求一阶微分方程的 全解	dsolve('Dy−2*y=5', 'y(0)=2')	ans = −5/2+9/2*exp(2*t)
求二阶微分方程的 全解	dsolve('D2y+Dy−2*y=5', 'y(0)=2,Dy(0)=1')	ans = −5/2+10/3*exp(t) +7/6*exp(−2*t)
傅里叶变换	fourier(exp(−abs(t)))	ans = 2/(1+w^2)
傅里叶反变换	ifourier(2/(1+w^2),t)	ans = exp(−t)*Heaviside(t) +exp(t)*Heaviside(−t)
拉普拉斯变换	laplace(exp(−a*t))	ans = 1/(s+a)
拉普拉斯反变换	ilaplace(s^2/(s^2+1))	ans = Dirac(t)−sin(t)
Z 变换	y=simple(ztrans(a^k))	y = −z/(−z+a)
反 Z 变换	x=simple(iztrans (z/(z^2+3*z+2)))	x = (−1)^n−(−2)^n

参 考 文 献

[1] 金波.信号与系统基础[M].武汉:华中科技大学出版社,2006.
[2] Ashok Ambardar.信号、系统与信号处理[M].冯博琴,等,译.第 2 版.北京:机械工业出版社,2001.
[3] Rodger E. Ziemer William H. Tranter D. Ronald Fannin.信号与系统——连续与离散[M].肖志涛,等,译.第 4 版.北京:电子工业出版社,2005.
[4] Edward W. Kamen Bonnie S. Heck. Fundamental of Signals and Systems Using the Web and Matlab(Second Edition)(影印版).北京:科学出版社,2002.
[5] 胡光锐.信号与系统[M].上海:上海交通大学出版社,1995.
[6] 郑君里,应启珩,杨为理.信号与系统[M].第 2 版.北京:高等教育出版社,2000.
[7] 管致中,夏恭恪.信号与线性系统[M].第 3 版.北京:高等教育出版社,1993.
[8] 吴大正.信号与线性系统分析[M].第 3 版.北京:高等教育出版社,1998.
[9] 张昱,周绮敏.信号与系统实验教程[M].北京:人民邮电出版社,2005.
[10] 梁虹,梁洁,陈跃斌.信号与系统分析及 Matlab 实现[M].北京:电子工业出版社,2002.
[11] 党宏社.信号与系统实验[M].西安:西安电子科技大学出版社,2007.
[12] 甘俊英,胡异丁.基于 Matlab 的信号与系统实验指导[M].北京:清华大学出版社,2007.
[13] 王宏.Matlab6.5 及其在信号处理中的应用[M].北京:清华大学出版社,2004.
[14] 陈怀琛,吴大正,高西全.Matlab 在电子信息课程中的应用[M].北京:电子工业出版社,2002.

图书在版编目(CIP)数据

信号与系统实验教程/金波 编.— 武汉:华中科技大学出版社,
 2008年8月(2021.12 重印)
 ISBN 978-7-5609-4633-7

Ⅰ.信… Ⅱ.金… Ⅲ.信号系统-实验-高等学校-教材 Ⅳ.TN911.6-33

中国版本图书馆 CIP 数据核字(2008)第086538号

信号与系统实验教程 金波 编

策划编辑:王红梅
责任编辑:余 涛 封面设计:秦 茹
责任校对:刘 竣 责任监印:熊庆玉

出版发行:华中科技大学出版社(中国·武汉)
    武昌喻家山 邮编:430074 电话:(027)87557437

录 排:武汉众心图文激光照排中心
印 刷:湖北恒泰印务有限公司

开本:787mm×960mm 1/16 印张:14.25 字数:316 000
版次:2008年8月第1版 印次:2021年12月第5次印刷 定价:38.80元
ISBN 978-7-5609-4633-7/TN·116

(本书若有印装质量问题,请向出版社发行部调换)